創意電力公司

讓創意與商業完美結合
企業永續成功的祕密

皮克斯／迪士尼動畫總裁
艾德・卡特莫爾 Ed Catmull

艾美・華萊士 Amy Wallace——著

方祖芳——譯

CREATIVITY, INC.

Overcoming the Unseen Forces that Stand in the Way of True Inspiration

我們把皮克斯的標誌——頑皮跳跳燈——製成雕塑，放在加州皮克斯總部的外面。

二〇一二年春天，皮克斯總部的大門口掛著一張《勇敢傳說》的劇照。

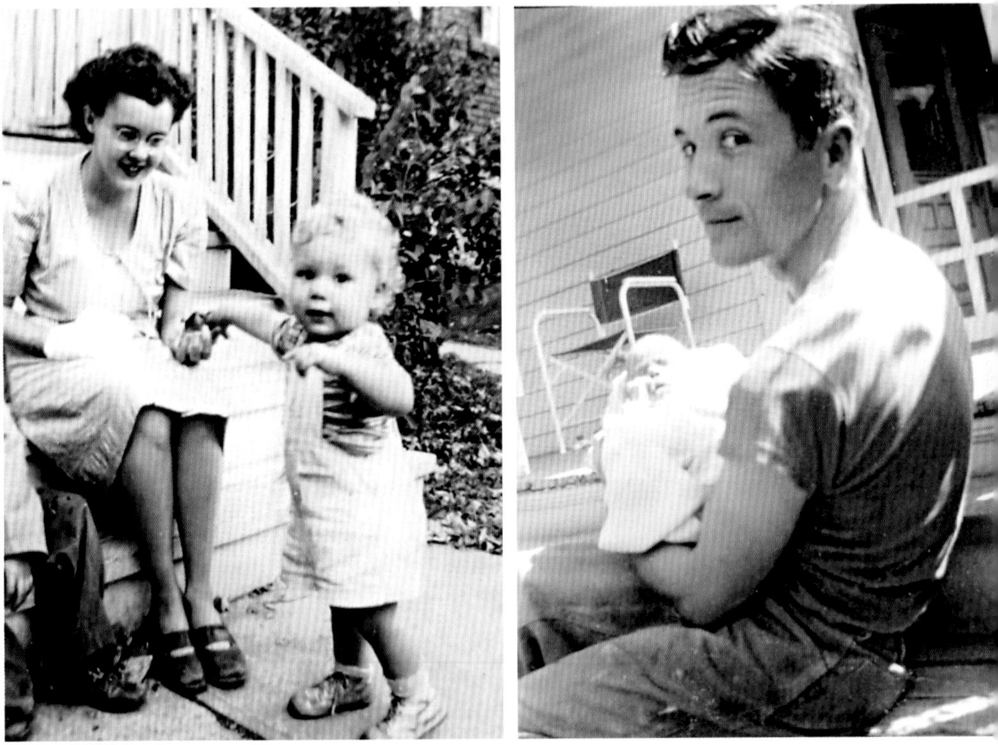

我媽媽琴（Jean）帶著在學步的我，還有爸爸厄爾（Earl）抱著襁褓中的我。
Ed Catmull Collection

我在盧卡斯影業的辦公室，約攝於一九七九年。
Ed Catmull Collection

盧卡斯電腦繪圖小組的成員，約攝於一九八五年。前：艾維・雷・史密斯；自左至右：洛倫・卡本特、比爾・里維斯、作者、羅伯・庫克、拉薩特、艾本・奧茲比、大衛・塞爾辛、克雷格・古德和山姆・萊夫勒。
Copyright ©1985 Pixar

拉薩特為《安德烈與威利冒險記》設計繪製的大黃蜂威利草圖。

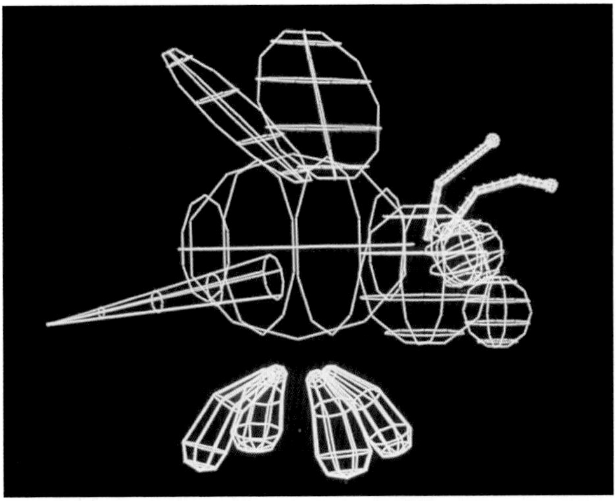

這是大黃蜂威利的「線框」，做為電腦模型的架構。

在製作《玩具總動員》的時候，蘭夫特、道格特、拉薩特和史坦頓定期向迪士尼的主管請益，頻繁往返奧克蘭與伯班克之間，累積了不少西南航空的里程數。約攝於一九九四年。
Copyright ©Pixar

自左至右：安德森、傑森．卡茲、丹．史坎龍、拉薩特、安克里奇和蘇珊．勒文在研究《玩具總動員3》的故事。
Copyright ©2007 Pixar. Photo: Deborah Coleman

史坦頓、安克里奇、道格特等皮克斯發展部門與智囊團的成員參加《玩具總動員3》第一次的劇本會議。
Copyright ©2006 Pixar. Photo: Deborah Coleman

二〇一一年，一群製作人攝於皮克斯園區裡的普列斯特戲院。前排：喬納斯．里維拉、吉姆．莫里斯、達拉．安德森。中：琳賽．柯林斯、狄妮絲．蕾姆、蓋琳．蘇斯曼。後：凱文．雷赫、凱薩琳．薩拉斐恩、約翰．沃克、湯姆．波特。

Copyright ©2011 Pixar. Photo: Deborah Coleman

二〇一三年，柯里．雷伊、狄妮絲．蕾姆、凱薩琳．薩拉斐恩和達拉．安德森這幾位製作人在皮克斯動畫工作室的布魯克林大樓合影。

Photo: Ed Catmull

《料理鼠王》的導演布萊德・柏德在安排分鏡圖。

更多的研究：米其林三星主廚湯姆斯・凱勒（左）在他開的 The French Laundry 餐廳為《料理鼠王》的製作人布萊德・劉易斯示範如何做雜菜煲。

皮克斯動畫工作室參與《勇敢傳說》的同仁，在舊金山金門大橋公園上射箭課。

《天外奇蹟》的共同導演彼得森、製作設計瑞奇．聶瓦和導演道格特在觀察鴕鳥，來協助他們描摹《天外奇蹟》裡的巨鳥凱文。

便條日開始時，拉薩特在皮克斯中庭與同仁分享他對誠實分享的看法。

一九九七年九月，賈伯斯、拉薩特和在皮克斯大學的畢業典禮結束後閒聊。

左起：皮克斯創意副總裁拉薩特、皮克斯執行長賈伯斯、迪士尼執行長艾格與身為皮克斯總裁的我，在皮克斯的中庭宣布迪士尼併購皮克斯的決定，時為二〇〇六年一月二十四日。

賈伯斯去世一年之後，我和拉薩特、艾格在二〇一二年十一月五日把皮克斯的主建築物重新命名為史帝夫・賈伯斯大樓。
Photo: Andrew Tupman

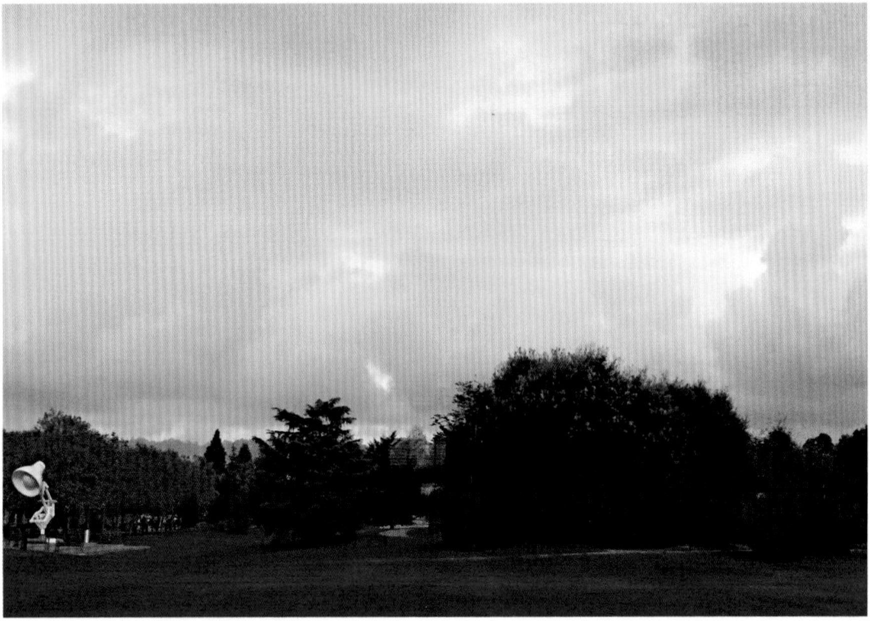

二〇一一年十月五日，賈伯斯的死訊剛宣布不久，在皮克斯總部的天空出現了一道彩虹。
（安潔莉．萊斯以 iPhone 拍攝。）

獻給

史帝夫・賈伯斯

Contents

｜推薦序｜

創意，創作，與創業

于為暢

相信大家都看過《玩具總動員》、《超人特攻隊》、《腦筋急轉彎》等知名動畫電影，這些電影帶給人們無數的歡笑和淚水，也陪伴我和我的孩子成長。每次看完電影後的第一個感想就是：皮克斯怎麼這麼厲害，能持續在技術和劇情安排上進步？另一個感想就是，皮克斯哪裡來的這麼多創意？而且不僅創意絕妙，還能以此創意當軸心，去發展出動人的故事。有多動人？大概就是永生難忘的程度吧！

身為一個自媒體創業家，同時也是日耕的創作者，很多人會問我：「靈感從何而來？」「每天哪來這麼多東西寫？」「你一定是個很有創意的人吧？」是不是很有創意我不確定，但我很確定大家「神化」了創意二字。的確，有些人是很有創意，想法天馬行空，言行舉止令人意外，不過對我來說，創意是一種「累積」，而那，像極了創作和創業。

我的這種想法在《創意電力公司》這本書中得到

了驗證。如果說皮克斯是全球最有創意的公司，我想沒人會否認，但有創意就等於創業成功嗎？當然不，創業的成功因素太多，擁有創意只是其中之一，就算你的公司裡充滿創意人才，你還必須管理他們，讓他們同心協力去完成目標。這無非是一件非常困難的挑戰，然而在這本書中，作者兼皮克斯創辦人艾德．卡特莫爾以鉅細靡遺的筆觸，完整敘述他如何建立鼓勵創意、容忍失敗的企業文化，打造出世界一流的動畫公司。

如果你喜歡皮克斯的動畫片，想知道背後的發想、製作、團隊合作的幕後花絮，本書也可滿足你的好奇心。如果你是創意相關領域工作者，有許多創意人才必須協調溝通，想學習如何管理他們、達成共識，這本書一定也會讓你讀得大呼過癮，實用性十足。書中還有一段他們眼中的賈伯斯，跟別的書中講的很不一樣。最後則是整理了本書的精華，像是一個管理創意文化的「檢查表」，確實是乾貨滿滿的一本經典之作。

書中的智慧適用於各種企業，無論大小或領域。我目前雖為一人公司，沒有內部的員工要管，但外包人才及合作對象該如何溝通協調，也可從書中許多金玉良言中獲益，例如：

「卓越、品質、優秀必須靠努力去贏得，是別人給我們的讚譽，不是由我們自己宣稱的。」

「如果執意相信自己是對的，就無法接納不同觀點。」

「不要等到一切完美才和別人分享你的計畫，要早一點並經常讓別人看到。」

「特別困難的問題能強迫我們從不同的角度思考。」
「不要以為只要避免犯錯，就不會出錯。」
「變化和不確定是生活的一部分，我們的任務不是抗拒，而是培養從挫折中恢復的能力。」

我認為以上這些準則，不管是創作者或創業家也適用。創意怎麼來？如何變成創業的一部分？這本書一樣有答案。創意也跟創作、創業一樣，是日積月累的，許多靈光乍現的時刻、天外飛來的點子，一天一個想法，再一點一滴去優化、測試改善、認真執行，累積成一部偉大的作品，變成叫好又叫座的產品。

書中提到《怪獸電力公司》一開始構想和最後的作品是不一樣的，在過程中導演也不知道故事會如何發展，但憑著創意的不斷更新，團隊的協同努力，最終還是達成目標，贏得觀眾的掌聲。創作也是一樣，人說：「好文章是改出來的。」「寫」（write）和「改」（edit）是兩種不同的模式，要把它們分開。早上先開啟「寫」的模式，把你腦中的思緒倒出來，想到什麼寫什麼，讓它自然地釋放，盡情地寫，不要邊寫邊改，把兩種模式混在一起；寫完了以後再去改。

創意、創作和創業，都是一種「無中生有」的過程，三者都要「帶領」觀眾走向未知。透過皮克斯的創意，我們可以進入從未想過的世界、從未體驗過的視角，包括化身《海底總動員》的魚，或是《料理鼠王》的老鼠去看待世界。創意背後的養分是來自自由多元的文化，創意可以被管理、被累積，創作也是，而創業更是一切的整合。

我認為本書不僅適合創意工作者，也適合各類型的創作者和創業家。如果說創意、創作和創業這三者之間的共通點是什麼？我想就是「說個好聽的故事」，就像皮克斯的所有作品，以及這本《創意電力公司》一樣。

本文作者為《暢玩一人公司》作者

| 推薦序 |

皮克斯：一個創意文化管理的經典

林宏文

我愛看電影，而且至今樂此不疲，有好幾次整理家裡，捨不得丟掉高中時代開始收集的各種影評剪貼簿，還拿出來回味再三。即使後來從事財經媒體報導多年，電影仍是我忙裡偷閒的最大享受。

我也愛研究電影，從大學時代加入電影社，與朋友討論艱深難懂的影片，到孩子成長過程陪同看許多動畫與電影，一部電影拍得好不好、劇情有無新意、能否引起共鳴，都是與家人餐桌上分享的話題。

最近，有機會閱讀遠流出版、由皮克斯創辦人之一艾德・卡特莫爾所著的書《創意電力公司》，讓我對電影有更進一步理解，也解答過去心中一些疑惑。作者卡特莫爾是帶領皮克斯及迪士尼動畫長達三十二年的領導人，也是將電腦科學及數位影像技術應用到電影的第一人，多次被授予重大獎項如奧斯卡科技獎、重大技術貢獻者獎與圖靈獎等。

讀這本書時，除了讓我重溫過去觀賞《玩具總動員》、《蟲蟲危機》、《美女與野獸》、《海底總動員》的回憶，也理解為何這些令人印象深刻、愛不釋手的電影，是如何一次次創造出影史的賣座高峰。關鍵原因就是，這些電影都出自一家永遠用心領導而且文化不斷改造的公司。

例如，卡特莫爾從最初踏入電腦藝術領域時，就秉持著「雇用比自己更優秀的人」的信念，這是大多數擔心自己地位會被取代的主管做不到的事，卻是所有管理者要提升自己的第一堂課。作者回憶，因為聘請比自己更優秀的人才，讓他自己也變得更優秀，並成為一個真正的管理者，他其實是獲益最多的人。

此外，卡特莫爾也認為，企業的重點在人，而不是點子，找到合適的人、引發合適的化學反應，比找到對的點子重要很多，因為對的人會產生並執行品質更好的點子，這才是皮克斯不斷創造驚奇的主因。

對於追求成長，卡特莫爾與許多創業家一樣積極，但對於員工，他卻很清楚不能讓員工為了追求卓越，不惜付出任何代價。書中提到《玩具總動員》在籌拍續集時，因為交給不對的人，需要在九個月內完成修改，不僅要重新分析電影的情感張力，還要加入新的角色與情節，結果讓所有人為此付出過度勞累的代價，一位藝術家甚至因為投入工作而忘了把寶寶送到托兒所，讓小孩在炎熱的停車場昏迷。

卡特莫爾認為，主管必須保護員工，維持健康平衡的生活，才能走得更遠，這是主管的職責，也才是負責任的表現。他也提到皮克斯成功後的迷惘，在製作部門過度掌控與管理預算中，發現藝術家與技術人員的反彈，自己摸索了一段時間後才知道該如何繼續努力。

在這本書中，我看到一位企業家，不僅成功打造皮克斯不朽的成就，更誠懇地反省自己走過的路，檢討自己犯過的錯，書中每個案例都是其他企業可能面臨的考驗，也讓這本書成為一本談創意文化管理的經典。

在多年採訪的經驗中，我覺得台灣其實也有不少與皮克斯類似的企業，但這類型的公司卻一直是台灣較弱的一環。所有企業老闆都應該讀這本書，因為任何的轉型與改造，都要從改變自己開始。

皮克斯堅實的企業文化，甚至成為近十五年來改變迪士尼命運的催化劑。備受推崇的迪士尼前執行長羅伯特．艾格（Robert Iger）在今年二月卸任，他在二〇〇五年上任時，第一個宣布出手的併購案就是買下皮克斯，之後展開一連串收購，推動迪士尼至去年的獲利成長超過四倍，股票市值成長五倍。皮克斯不僅反過來提升迪士尼自家不怎麼樣的動畫團隊水平，更是迪士尼開展中國等亞洲市場的關鍵，因為中國消費者更喜歡皮克斯的動畫角色而非米老鼠。

長期關心資訊科技發展的讀者，應該也不會忽略在書中多次出現的另一個重要人物、擔任皮克斯董事長的蘋果創辦人賈柏斯。作者在文中多次提到對賈柏斯的觀察，他有不同於別人的觀察點，也值得大家自己去挖掘。

採訪生涯至今二十多年，我深深覺得，一個好的執行長可以為公司及股東帶來多大的價值，我再次從這本書中獲得驗證及啟發，也推薦給大家。

本文作者為《今周刊》顧問、財經專欄作家

|前言|

失而復得

每天早上，我走進皮克斯動畫工作室，經過我們二十呎高的吉祥物「頑皮跳跳燈」（Luxo Jr.）雕塑，通過雙扇門，進入玻璃天花板的壯觀中庭，完全以樂高積木組成、真人大小的巴斯光年和胡迪就站在那裡。我走上階梯，經過我們十四部電影角色的素描和畫像。這裡獨特的文化總是令我感動，雖然走過此處不下千次，我從來不覺得厭煩。

皮克斯園區占地十五英畝，從前是罐頭工廠，位於舊金山海灣大橋旁。這棟大樓是賈伯斯親手設計（名字就叫做賈伯斯大樓），出入口仔細思考過的動線，能鼓勵人們打成一片、相互溝通。大樓外有足球場、排球場、游泳池，還有六百個座位的露天劇場。訪客也許只覺得這裡建築精美，不知道廠房是以社區概念為基礎。賈伯斯希望這棟建築能夠強化我們合作的能力。

我們鼓勵動畫師照自己的意思布置個人工作空間，有人把辦公空間打造成懸掛迷你吊燈的粉紅玩具屋，也有人用竹子搭建茅草小屋，或是以保麗龍精心製作十五呎高的塔樓，就像以石材砌成，乍看之下幾可亂真。公司每年會舉辦「皮克斯狂歡派對」（Pixarpalooza），讓員工組成的搖滾樂團在前方草坪的舞台上盡情嘶吼、爭逐第一。

我們希望員工能表達自我，而訪客往往對此留下深刻印象。經常有人告訴我，參觀皮克斯，他們能夠感受到我們的能量、同心協力的精神、無拘無束的創造力以及無限的可能，這讓他們覺得有點惆悵，彷彿他們自身的工作少了點什麼。我告訴他們，那種活力十足、沒大沒小，甚至怪誕的氣氛，正是我們成功的關鍵。

但那不是讓皮克斯變得特別的原因。

皮克斯的特別，在於我們承認自己一定有問題，其中有很多我們看不到。我們努力發掘問題，即使這樣做並不容易。假使遇到問題，我們會盡全力解決。這才是我每天早上開心上班的原因，這成為我的動力，讓我有明確的使命感，遠遠超過精心策畫的派對或在塔樓裡上班。

不過，有一陣子我看不到目標，而且時間點可能令你驚訝。

《玩具總動員》空前成功，然後呢？

一九九五年十一月二十二日，《玩具總動員》在美國上映，創下感恩節首映票房紀錄，《時代》雜誌說這部電影「別出心裁」；《紐約時報》以「十分出色」、「詼諧機智」來形容；《芝加哥太陽報》說我們「匠心獨具」；《華盛頓郵報》表示，要找到能夠相提並論的電影，得追溯到一九三九年的《綠野仙蹤》。

《玩具總動員》是第一部完全以電腦製作的動畫長片，為了製作這部電影，我們傾注所有毅力、藝術才能、技術和耐力，製作團隊一百多名成員經歷了無數困難，同時深知公司的存續全靠這八十分鐘的實驗。五年下來，我們堅持以自己的方式製作《玩具總動員》，拒絕接受迪士尼高層主管建議。他們根據自身製作音樂劇的成功經驗，認為我們也應該在片中加入大量歌曲。我們不只一次重寫劇本，確保故事看起來真實。我們日以繼夜地趕工，週末和假日都加班，幾乎沒有任何怨言。我們雖然是財務窘困、初出茅廬的工作室，卻秉持簡單的信念：只要做出自己想看的電影，別人也會想看。有很長一段時間，我們覺得自己在做不可能做到的事，時常擔心皮克斯的未來。成功之後，皮克斯突然成為典範，證明藝術家要相信自己的直覺。

《玩具總動員》成為那一年最賣座的電影，全球票房高達三億五千八百萬美元，但是讓我們引以為榮的不只是數字，畢竟金錢只是衡量公司成功的方法之一，通常不是最有意義的。讓我覺得最有成就感的是我們創作的故事，影評人提到《玩具總動員》時，雖然會說影片是以電腦製作，但是重點多半放在感人的情節和豐富立體的角色。我們運用許多創新技術，卻沒有讓科技遮蔽我們真正的目標：製作好看的電影。

《玩具總動員》實現了我二十多年來追求的目標、童年的夢想。我成長於一九五〇年代，一直想成為迪士尼動畫師，卻不知如何實現。後來我明白，我憑著直覺踏上當時全新的電腦繪圖領域，其實是追求那個夢想的一種方式。雖然不會畫圖，但我一定能找到別的方法。念研究所時，我悄悄立下製作出第一部電腦動畫電影的目標，並在接下來二十年不斷努力朝著目標前進。

現在，每天驅動我前進的目標已經達成，剛開始，我覺得好輕鬆、好開心。《玩具總動員》上映後，為了確保我們未來能夠繼續獨立製作電影，皮克斯隨之上市。我們開始製作《蟲蟲危機》和《玩具總動員2》，一切看似順利，我卻茫然若失。實現目標後，我找不到生活的框架。**這真的是我想做的嗎？**我開始問自己。

這樣的想法讓我驚訝、困惑，但我沒有讓別人知道。皮克斯成立後，我一直擔任皮克斯總裁，我喜歡皮克斯，也喜歡這裡代表的一切，但是我突然失去目標。**就這樣了嗎？我是不是應該迎接新的挑戰？**

我的意思不是皮克斯已經「達到目標」，或者我的任務已經完成，我知道皮克斯還要面對許多挑戰。公司迅速成長，我們除了要讓股東開心，還要忙著製作兩部新電影。總之，我的工作依舊忙碌，但是我內心的使命感已經消失。讓我在研究所的電腦室打地鋪，只為了有更多時間使用電腦、徹夜思考，驅使我每天來上班的動力不見了。我花了二十年打造火車、鋪設軌道，如果工作只剩下開火車，我會覺得很無趣。**製作一部又一部的電影能否讓我滿足？現在我的組織原則是什麼？**

整整一年後，答案才出現。

聰明人為什麼會做蠢事？

我的職業生涯似乎注定一隻腳站在矽谷、另一隻在好萊塢。一九七九年，因《星際大戰》的賣座而興奮不已的喬治．盧卡斯（George Lucas）要我幫他把高科技帶入電影界，那是我第一次進入這一行。盧卡斯影業不在洛杉磯，而是在舊金山灣北端。我們的辦公室位於聖瑞菲爾市（San Rafael），距離矽谷的中心帕羅奧圖市（Palo Alto）大約一小時車程。當時半導體和電腦產業正在起飛，矽谷開始出名，我們的地理位置讓我能夠近距離觀察許多新興的硬體、軟體公司，以及不斷成長的創投業。短短幾年間，這些位於沙丘路（Sand Hill Road）上的公司將會主導整個矽谷。

那是變化多端、充滿活力的時刻，我看到很多新創公司一舉成名，然後默默消失。我在盧卡斯影業負責把科技帶入電影製作，所以有很多機會和不同公司的領導人合作，例如昇陽電腦（Sun Microsystems）、視算科技（Silicon Graphics）和克雷電腦（Cray Computer）的高層主管，後來也和一些人很熟。我當時是科學家，不是經理人，所以我密切觀察，希望能從中學習。我逐漸發現一種模式：一個人想到很棒的點子，得到資金，找來很多聰明人開發並銷售產品，得到大量關注。最初的成功帶來更多成功，公司吸引優秀的工程師加入，也找到大客戶，幫他們解決有趣和備受矚目的問題。公司漸漸成長，很多文章介紹他們如何「典範轉移」，公司總裁成為《財星》（*Fortune*）雜誌封面人物。我特別記得他們散發出的那份驚人自信。他們一定極為優秀，才會達到如此的頂峰。

但是他們後來會做出一件蠢事，不是回想起來愚蠢，而是當時就顯然很不智。我想了解**究竟是什麼因素，導致聰明人做出錯誤的決定，使公司偏離軌道**？我相信他們當時認為自己做得很正確，看不見可能造成威脅的問題，因此公司像泡泡般膨脹，然後破碎。我感興趣的不是企業的起起落落，或是環境如何隨著科技改變不斷變化，而是這些領導人似乎過度重視競爭，沒有深刻思考其他可能導致毀壞的力量。

這些年來，皮克斯一直努力尋找出路，我們一開始是銷售硬體，接著是軟體，也製作過動畫短片和廣告。我問自己：如果皮克斯有朝一日成功，會不會也做出愚蠢的決定？留意別人的錯誤能否幫助我們察覺問題？還是成為領導人後，會對威脅企業前途的問題視而不見？顯然，很多聰明、有創意的領導人看不到公司的問題。我決心找出其中原因。

《玩具總動員》上映後，我整整思考了一年才發現，解開這個謎團是我接下來的挑戰。我決心不讓皮克斯被破壞這麼多企業的力量摧毀。我找到新目標，更清楚了解**身為領導人，不但要學習如何建立成功的公司，也要培養能夠持續發展的創意文化**。把注意力從解決技術問題轉移到完善的管理哲學之後，我再次感到振奮，這是另一個啟發人心的任務。

我的新任務：清除創造力的阻礙

我努力在皮克斯創造一種能在公司創辦人賈伯斯、約翰・拉薩特（John Lasseter）和我離開之後，依然存在、能夠永續的文化。不過我也希望和其他領導人，以及所有在藝術和商業之間努力尋找平衡的人，分享皮克斯的基本理念。你手上拿的這本書，就是我努力的成果。

這本書不只適合皮克斯團隊、娛樂圈主管或動畫師，所有想在鼓勵創意和解決問題的環境工作的人也能從中獲益。我相信無論什麼行業，優秀的領導人都要幫助創意人才發揮所長。迪士尼在二〇〇六年收購皮克斯之後，我和長久的夥伴拉薩特同時帶領皮克斯和迪士尼動畫，目標是讓員工盡情發揮。我們相信員工很有才華、希望有所貢獻，但是也知道我們可能在無意間扼殺那些才華，所以要努力找出問題並加以解決。

我花了將近四十年，思考如何幫助有企圖心的聰明人有效率地彼此共事。主管的職責是創造肥沃的環境，然後好好維護，同時留意可能破壞平衡的事物。我真心相信每個人都有發揮創意的潛能，我們應該從旁鼓勵。不過，我對於在任何成功企業裡經常被忽略、會破壞創造力的阻礙更感興趣。

本書的基本論點是，公司裡會有許多阻礙創造力的力量，但可以採取某些步驟保護創意。接下來的章節裡，我會討論皮克斯遵循的原則。不過當中**最重要的，是如何面對不確定、不穩定、不**

坦率和看不見的問題。最優秀的主管承認自己並非什麼都知道，不是因為謙虛是美德，而是有了這種心態，才能看到驚人的進展。主管也必須鬆開手，信任同事，努力替他們清除障礙，留意並處理可能引發恐懼的因素。此外，成功的領導人知道他們的方法可能錯誤或不完整，只有承認自己不足，才能學習成長。

本書分為四個部分：開端、保護新點子、建立與維持、測試。這本書不是回憶錄，而是解釋我們犯了什麼錯、學到什麼教訓，以及如何從中學習，因此偶爾會提到我自己和皮克斯的故事。我會花很多篇幅討論如何幫助團隊合力創造有意義的事物，然後保護它們不被負面力量摧毀，即使在最強大的公司裡，那些力量都隱約存在。我希望透過探討皮克斯和迪士尼動畫的問題根源，可以幫助其他企業避開阻礙他們、有時甚至會毀掉他們的陷阱。《玩具總動員》上映至本書初版上市時，已經十九年，這是我堅持下去的動力，因為我了解這是非常重要的任務。皮克斯成功之後，我們必須時時提高警覺，不讓公司被負面的力量侵蝕。而這本書要說的，正是公司及管理者如何持續努力密切關注、如何透過保持自覺來領導眾人，同時也具體呈現了讓我們得以發揮最大潛能的想法。

第一部

開端

｜第 1 章｜

動畫

皮克斯有一間被稱為「西一」的大會議室，裡面的一張長桌擺了十三年。桌子雖然很漂亮，但我卻愈來愈討厭它。那張桌子又長又窄，像是喜劇片會出現的那種有錢老夫婦會各坐一端吃晚餐的餐桌，中間有一座燭台，兩人必須大聲說話才有辦法交談。桌子是賈伯斯青睞的設計師挑選的，的確很優雅，卻對我們形成阻礙。

我們定期圍繞著長桌開會，三十個人面對面、分坐兩排，通常還有更多人坐在牆邊。這種坐法實在難以溝通，因為最兩端的人很難加入討論，你得伸長脖子才看得到對方的眼睛。此外，因為電影的導演和製片必須聽到每個人發言，所以要坐在桌子中間的位子，皮克斯的創意主管，像是創意總監拉薩特、主要幹部、我，以及幾名資深導演、製作人和編劇，也得坐在中間。為了確保這些人都坐在一起，就像參加正式晚宴的席位卡便開始出現。

我相信對創作靈感來說，職稱和等級沒有任何意義。但是不知不覺中，我們讓這張桌子和席位卡發送相反的訊息，暗示你離桌子中央愈近就愈重要。坐得愈遠就愈不會發言，因為距離談話中心那麼遠，你會覺得參與像是打擾。此外，開會的人數通常很多，所以有更多人得坐在牆邊的椅子上，又形成第三層（三層分別是：坐在桌子中央、桌子兩端，以及根本不在桌邊的人）。我們無意間就創造了阻止人們參與的障礙。

十多年來，我們都是以這種模式圍著這張桌子開會，完全不知道它破壞我們的核心原則。為什麼沒發現這個問題？因為座位安排和席位卡是為了領導者（包括我）的方便而設計的。因為**我們**沒有感受到被排除在外，因此看不到差錯，還真心以為自己在開一場包容一切的會議。而同時，沒有坐在桌子中央的人，則清楚看到其中的階級差異，卻以為這是領導人的本意，所以他們憑什麼抱怨？

直到有一天，我們在一個比較小的房間圍著一張方桌開會，拉薩特和我才意識到出了什麼問題。坐在那張桌子旁，我們的互動變得更好，靈感更自由流動，眼神也能自然接觸。無論職稱為何，所有在場的人都能暢所欲言。這不僅是我們希望看到的、也是**皮克斯的基本信念：無論什麼職位的人，都能自由自在地說出內心的想法**。在那張又長又窄的會議桌旁，我們舒舒服服地坐在中間的位置，完全沒有意識到自己的行為違背了這個基本信念。隨著時間過去，我們就這樣落入圈套。即使知道會議室的互動是良好溝通的關鍵，即使我們以為自己一直對問題保持警覺，卻被優越的位置蒙蔽，以至於看不到眼前的問題。

突然領悟之後，我鼓起勇氣去跟總務部說：「不管怎麼做，請把那張桌子弄走。」我希望桌子排成較舒適的正方形，讓大家可以直接面對面討論，不會覺得自己無關緊要。幾天後，我們要開會討論即將上映的電影前，新桌子已經擺好，問題解決。

不過，有趣的是，主要問題解決後，還有一些殘存的小問題沒有馬上消失。比方說，我走進西一會議室，看到依照要求排成較舒適、也能讓更多人同時交流的正方形新桌子，但桌上還是擺著席位卡！雖然解決了最關鍵的問題，但是席位卡已經變成傳統，如果沒有特別去除，就會一直延續下去。這個問題雖不像桌子那樣令人困擾，但也必須處理，因為席位卡暗示著階級，那正是我們要避免的。那天早上，導演安德魯．史坦頓（Andrew Stanton）一進入會議室，就拿起幾張席位卡隨意亂擺，嘴裡一邊說：「我們不需要這些了！」他這麼一說，會議室裡的人都懂了。這才成功排除了這個附帶的問題。

這就是管理的本質。通常是出於好理由而做出決定，結果又促成其他決定。因此問題出現時（問題一定會出現），要解決就不像修正原本的錯誤那麼容易，通常要經過好幾個步驟才能找到解決方案。你可以把問題想像成一棵橡樹，落在四周的橡實發芽，變成樹苗，就像附加的問題，即使砍掉橡樹，其他問題依然存在。

過了這麼多年，我仍然經常很驚訝地發現，問題其實就在眼前。對我來說，解決問題的關鍵就是尋找許多方法，看哪個可行、哪個不可行，但這說的比做的容易。這就是今日皮克斯的管理原則，但我也一直在尋找更好的方法，而且在皮克斯出現前幾十年就開始。

卡通人物居然「活」了起來？太令人好奇了！

我童年家境小康，住在鹽湖城。每個星期天晚上七點前，我都會坐在客廳地板上，等待華特．迪士尼（Walt Disney）出現。說得具體一點，我是等他出現在我們家十二吋黑白電視機的螢幕上。即使相隔十二呎（當時的人相信螢幕有幾吋，觀眾就要離電視幾呎遠），眼前的景象都讓我看得目瞪口呆。

每星期，華特．迪士尼都會親自主持《迪士尼的奇妙世界》（*The Wonderful World of Disney*）節目，他穿西裝、打領帶，就像和藹的鄰居站在我眼前，為我揭開迪士尼魔法的神祕面紗。他解釋《汽船威利號》（*Steamboat Willie*）中的影音同步技術，或是討論《幻想曲》（*Fantasia*）片中音樂的重要。他總會特別讚揚建立迪士尼帝國的前輩。他向觀眾介紹創作小丑可可（Koko the Clown）和貝蒂娃娃（Betty Boop）的馬克斯．佛萊雪（Max Fleischer），以及在一九一四年製作《恐龍葛蒂》（*Gertie the Dinosaur*）的溫瑟．麥凱（Winsor McCay），那是第一部角色能夠表達情感的動畫片。他還找來一批動畫師、調色師和分鏡師，說明他們如何賦予米老鼠和唐老鴨生命。每個星期，華特．迪士尼都創造出一個虛構世界，用最先進的技術讓它成真，然後解釋他是如何做到的。

我小時候有兩個偶像：華特．迪士尼和愛因斯坦。在我心中，他們代表截然不同的創造力。華特．迪士尼在藝術和科技領域，創造過去不曾存在的東西；愛因斯坦則是擅長解釋已經存在的事物。我讀過所能找到的愛因斯坦傳記和一本關於相對論的小書，很喜歡看他提出的概念是如何迫使世人改變看待物理學和物質的方式，用另一種角度理解宇宙。有著一頭招牌亂髮的愛因斯坦，總是勇於扭曲人們的觀念，解開謎題，改變我們對現實的想法。

愛因斯坦和華特．迪士尼都讓我得到啟發，但是迪士尼的影響更深，因為他每星期都會出現在我家客廳。當節目主題曲響起：「當你對著星星許願，不論你是誰都沒有差別。」旁白的男聲接著承諾般地說：「每個星期，當你進入這片永恆的土地，這眾多世界中的一個將為您開啟……」然後一一道出那些世界：拓荒世界（過去傳奇中荒誕不經的故事）、明日世界（未來可能出現的事物）、探險世界（大自然的奇妙世界），以及幻想世界（最快樂的王國）。我喜歡動畫能帶我到從來沒去過的地方，不過我最想了解的，是迪士尼裡面製作出這些動畫電影的人的世界。

一九五〇年到一九五五年，迪士尼製作了三部經典電影：《灰姑娘》、《小飛俠彼得潘》、《小姐與流氓》。五十多年過去，我們依然記得玻璃鞋、迷途孩子的永無島，還有可卡犬和流浪狗吃義大利麵的場景。但是很少人了解這些電影的技術有多成熟，迪士尼動畫師擅長運用最先進的科技，他們不僅使用現有的方法，還自己發明方法。為了達到完美的音效和顏色，他們開發不同工具，像是藍幕去背（Blue Screen Matting）技術、多層次攝影和影印術，每一次出現技術上的突破，華特．迪士尼就會在節目上討論，強調科技與藝術之間的關係。我當時年紀太小，不了解這種科技和藝術的融合是極具開創性的。在我心目中，兩者本來就該結合在一起。

一九五六年四月的那個星期天晚上，看著華特．迪士尼的節目時，我體會到定義我未來職業生涯的經驗。很難用言語形容那是什麼，只能說像是腦中有某件事變得清楚了起來。那天晚上的節目主題叫做：「故事從哪裡來？」華特．迪士尼首先稱讚他的動畫師們很了不起，能把日常事物轉換成動畫，不過那天晚上吸引我的不是迪士尼的解釋，而是他說話時螢幕上發生的事：一名藝術家在畫唐老鴨，他幫唐老鴨畫上時髦的衣服、一束鮮花和一盒糖果，讓他去追求黛絲。隨著藝術家的鉛筆四處移動，唐老鴨有了生命，他握起拳頭，擺好姿勢，最後抬起下巴，讓藝術家幫他畫上領結。

成功的動畫讓你相信螢幕上的角色都會思考，無論是暴龍、彈簧狗還是檯燈。如果觀眾感受到的不只是動作，還包括想法和情感，那動畫師就成功了。紙上的線條變成活生生、有感覺的實體，那正是我那天晚上經歷的事。我第一次看到唐老鴨跳出紙張，從靜態的線條轉變為栩栩如生的立體影像，雖然只是靠著巧妙的繪圖手法，但是我一直在想他們究竟是如何做到的。除了技術之外，還有其中滿滿的情感和藝術。我覺得有趣極了，好想爬進電視，成為那個世界的一部分。

棄藝術，轉物理，反而走向真正使命

一九五〇年代中期到一九六〇年代初期是美國的工業繁榮期，我和四個弟妹在猶他州關係緊密的摩門教社區長大，覺得生命有無限可能。我們認識的大人都經歷過大蕭條、第二次世界大戰，然後是韓戰，這段時期對他們來說，就像暴風雨過後的平靜。

我記得那股樂觀的能量，日新月異的科技，助長了那種對進步的渴望。這是美國的繁榮時期，製造業和建築業出現空前的榮景，銀行貸款讓愈來愈多人擁有新電視、新房子、凱迪拉克和令人驚奇的新家電，像是可以吃掉垃圾的廚餘處理器和幫你洗碗的機器，雖然我也花了不少時間用手洗。一九五四年，第一次器官移植手術成功；第一批小兒麻痺疫苗在隔年出現；一九五六年，辭典出現**人工智能**這個辭彙，未來似乎已經來臨。

我十二歲時，蘇聯發射第一枚人造衛星「史普尼克一號」到地球軌道，震驚全美科學界和政治界，我們這些六年級小學生也很震撼。那天早上，校長走進教室，打斷上課，從他凝重的表情，我們知道生活將從此改變。因為大人一直告訴我們共產黨是敵人、核子戰爭一觸即發，所以蘇聯早我們一步上太空是很可怕的消息，那證明他們占了上風。

為了因應此事，美國政府成立了先進研究計畫局（Advanced Research Projects Agency，簡稱ARPA），這個機構雖然隸屬國防部，但其任務似乎很和平：支持美國大學院校的科學研究，以避免日後所謂的「科技意外」（technological surprise）發生。他們認為透過資助最優秀的人才，就能想出更好的答案。回想起來，我很佩服這個面對嚴重威脅、極具智慧的回應行動：我們就是得變得更聰明。先進研究計畫局後來對美國產生深遠的影響，為我們帶來電腦革命、網際網路以及其他無數創新發明。當時我們都相信美國一定有更多了不起的作為，生活充滿無限可能。

我們家雖然是中產階級，但父親的成長過程仍對我們有很大影響。我的祖父母是愛達荷州自耕農，有十四名子女，其中五個夭折。祖母是由在愛達荷州的蛇河（Snake River）淘金、賺取微薄收入的摩門教拓荒者撫養長大，十一歲之前都沒有上學。我的父親是全家族第一個上大學的小孩，得同時兼好幾份差賺取學費。我小時候，父親平常在學校教數學，暑假就去蓋房子，我們的房子就是他親手建的。雖然他從來沒有明白告訴我們教育有多重要，我們都知道父母期待我們努力念書、上大學。

我是安靜、專注的學生，高中美術老師有一次告訴父母，我經常專注地盯著我要畫的花瓶或椅子，連下課鈴聲都沒聽到。我覺得把東西呈現在紙上很有趣，得先隔絕自己對椅子或花瓶**先入為主**的觀念，只畫出眼前的東西。我郵購在漫畫書封底打廣告的瓊恩・納吉（Jon Gnagy）《學畫畫》（*Learn to Draw*）組合，以及普雷斯頓・布萊爾（Preston Blair）在一九四八年出版的動畫繪製經典《動畫卡通》（*Animation*）。布萊爾是替迪士尼《幻想曲》繪製跳舞河馬的動畫師。我去買了把紙壓在油墨上的金屬定模板，甚至製作下方有燈光照射的動畫夾板架，我做了一本手翻動畫書，把一個人的腿變成單輪腳踏車。我當時的暗戀對象是《小飛俠彼得潘》的小仙女。

然而，我很快就知道我沒有那種才華，無法加入迪士尼動畫師團隊，而且我根本不了解如何成為動畫師，不知道可以念什麼學校。高中畢業後，我發現我比較知道如何成為一名科學家，這條路似乎比較有眉目。每一次我說我的興趣從藝術轉為物理，對方都覺得很有趣，似乎認為那是兩個毫不相干的領域。不過，決定研究物理而非藝術，間接引導了我走向真正的使命。

再度找回兒時夢想

四年後，一九六九年，我從猶他大學拿到雙學位，一個是物理學，另一個是當時新興的電腦科學。申請研究所時，我本來打算學電腦語言，不過進入猶他大學研究所後，我遇到一位鼓勵我改變方向的教授，他是互動式電腦繪圖（interactive computer graphics）的先鋒伊凡·蘇澤蘭（Ivan Sutherland）。

電腦繪圖基本上是用數字或數據製作出數位圖像，然後在電腦上操控。這門科學當時還剛起步，不過蘇澤蘭教授已經是赫赫有名的傳奇人物，他設計出名為繪圖板（Sketchpad）的電腦程式，可以繪製、複製、移動、旋轉或調整圖形大小。一九六八年，他就和學生一起創造出第一台虛擬實境頭盔顯示器「達摩克利斯之劍」（The Sword of Damocles，這名稱典故出自希臘神話，因為頭盔很重，必須用拴在天花板上的機械手臂掛著，才有辦法穿戴。）。蘇澤蘭和猶他大學電腦科學系主任戴夫・艾文斯（Dave Evans）對興趣各異的聰明學生們來說很有吸引力，他們以干預最少的方式帶領學生。基本上，他們歡迎學生參與計畫，提供工作場地並且讓我們接觸電腦，研究任何我們感興趣的題目。這種方法造就出互助合作的環境，非常能激勵人心，讓我後來在皮克斯也試圖仿效這種做法。

我的同學吉姆・克拉克（Jim Clark）後來創辦了視算科技（Silicon Graphics）和網景公司（Netscape），約翰・沃諾克（John Warnock）則創辦以Photoshop和PDF檔案格式聞名的奧多比系統公司（Adobe），艾倫・凱伊（Alan Kay）是多個先進系統的先驅，從物件導向程式設計（object oriented programming）到視窗系統的圖形使用介面。求學時代，最能啟發我的就是這些同學。這種合作的學院氣氛，不僅讓我很喜歡參與計畫，也提升了我的工作品質。

在所有創意環境中，個人創意和團隊影響力必然有著微妙的緊張關係，不過這是我第一次經歷到這種狀況。我發現我們有天分很高的人，似乎可以靠著一己之力達到驚人的成果；在另一邊，我們也有因為多樣觀點而表現出色的團隊。所以我開始思考如何平衡這兩個極端，那時我還沒培養出好的心智模式來幫助我回答這個問題，但我非常想找到答案。

先進研究計畫局資助猶他大學電腦科學系許多研究，正如之前所說，先進研究計畫局是為了因應蘇聯發射史普尼克一號人造衛星而成立，基本精神就是相信合作可能帶來卓越的成效。

事實上，先進研究計畫局最卓越的成就，就包括以「先進網路研究計畫」（ARPANET）把各大學連結起來，最終演變為網際網路。先進網路研究計畫最早的四個中心點分別位於史丹佛研究院（Stanford Research Institute）、加州大學洛杉磯分校、加州大學聖塔芭芭拉分校（UC Santa Barbara），再來就是猶他大學，所以我能夠就近觀察這場盛大的實驗，那些所見所聞深深影響了我。先進研究計畫局的任務是支持不同領域的聰明人，他們深信研究人員都想把事情做好，過度管理會適得其反。他們沒有監視運用他們資金做研究的人，也不曾要求研究必須直接與軍事用途有關，他們信任我們的創新。

這種信任讓我得以隨心所欲、滿懷熱忱地解決各種複雜的問題。我常常為了把握使用電腦的時間而在電腦室打地鋪，很多同學也都這麼做。我們年輕熱情，覺得自己在開創新局，這成為我們的動力，那種興奮實在難以言喻。我研究以電腦製作圖像，這是我第一次找到方法同時創造藝術並發展一種創造新型影像的科技，左右腦都運用到了。雖然在一九六九年以電腦製作的圖像還非常粗陋，但發明新的運算法並因而得以看到更好的圖像呈現在螢幕上，令我非常興奮。我又找回了兒時的夢想。

二十六歲時，我設定了一個新目標：不是用鉛筆，而是研究如何以電腦繪製出動人漂亮的動畫，製作成電影。我想，說不定我還是可以成為動畫師。

我的第一部動畫短片——《手》

一九七二年春天，我花了十個星期製作第一部動畫短片，也就是把我的左手模型數位化。就像每一個身處在這個變化快速領域的人，我的製作過程也融合新舊技術，從中創造出新的方法。我先把手放進熟石膏（不幸的是，我忘記先塗一層凡士林，所以把手抽出來時，手背上的汗毛也都被拔掉），做出模具後再加入石膏，製作手的模型。然後我用三百五十個相互交錯的小三角形和多邊形，在「皮膚」上繪製出以黑線連結的網路。你可能不認為這種扁平、稜角分明的元素能打造出彎曲的表面，但其實只要夠小，就可以得到非常接近的結果。

我選擇這項計畫，是因為我對描繪複雜物體和彎曲的表面很感興趣，我想挑戰自己。在當時，電腦連平面物體都無法完美呈現，更不用說曲面了。曲面的運算法還沒有發明，電腦儲存能力也很有限。在猶他大學電腦繪圖部門，每個人都渴望製作出近似真實物體照片的電腦圖像，我們有三個目標：速度、真實性和描繪曲面的能力。我的短片重點放在後面兩個目標。

人的手沒有平面，也不是類似球體那種簡單的曲面，手有很多部位是以相對的方式運作，因此看似有數不清的動作。手是非常複雜的「物品」，很難描繪並轉化為數據。當時大多數電腦動畫只能繪製簡單的多邊形物體，像是立方體、金字塔，所以這是十分艱鉅的任務。

在模型上畫好三角形和多邊形之後，我測量每個角的座標，然後把數據輸入我編寫的 3D 動畫程式，這樣就可以在螢幕上呈現以三角形和多邊形組成的虛擬手。一開始多邊形的接縫處可以看到尖銳的稜角，不過我後來運用另一名研究生開發的「平滑著色」（smooth shading）技術消除那些稜角，手就變得更逼真了。不過，真正的挑戰是讓手移動。

《手》在一九七三年的電腦科學大會首度亮相，引起轟動，因為沒有人看過這種東西。我的手在影片中剛出現時，表面被白色的多邊形網狀物覆蓋，然後開始張開、握緊，像是要握拳。接著表面變得平滑、真實，有一刻我的手指向觀眾，好像在說：「沒錯，我在跟你說話。」攝影機進入手的特寫，鏡頭瞄準掌心，然後向上照到每根手指，我很喜歡這個微妙的角度，因為這只能以電腦呈現。我花了六萬多分鐘，才完成這四分鐘的影片。

接下來幾年，《手》和我的朋友弗瑞德・帕克（Fred Parke）以妻子臉孔製作的數位影片，成為最先進電腦動畫的代表。帕克和我的影片片段都出現在一九七六年的電影

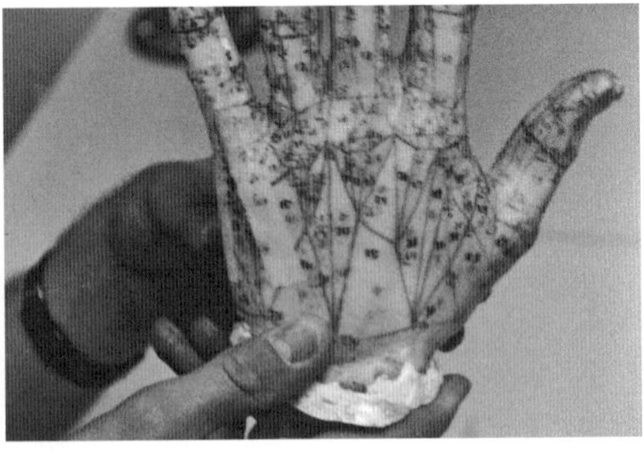

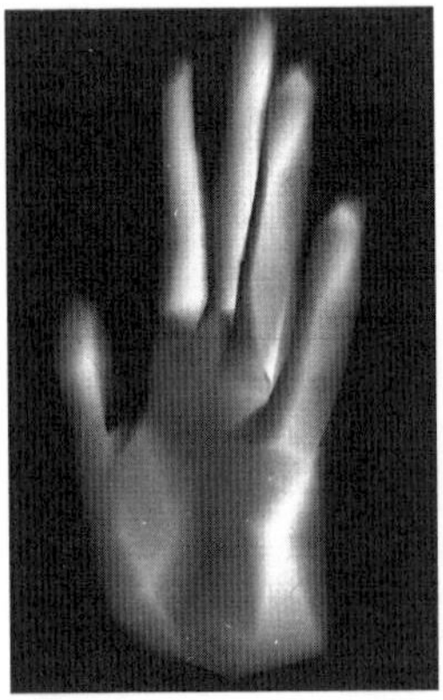

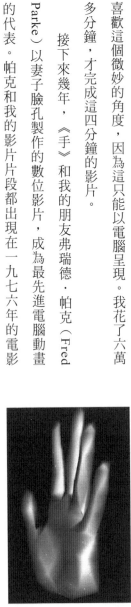

《未來世界》（*Futureworld*）中，電腦動畫迷應該記得那是第一部有電腦動畫的電影。

第一次走進迪士尼

蘇澤蘭教授曾說過，他很喜歡猶他大學的研究生，因為我們不知天高地厚，他顯然也一樣：他相信好萊塢的電影高層主管會在乎學術界的發展。所以，他想和迪士尼建立一個正式交流計畫：迪士尼派一名動畫師到猶他大學來了解電腦繪圖的新技術，學校也派一名學生到迪士尼動畫學習說故事的技巧。

一九七三年春天，他派我到伯班克（Burbank）去向迪士尼高層主管推銷這個構想。我興奮不已，把車開進迪士尼的紅磚大門，走進一九四〇年由華特．迪士尼親自監造的動畫大樓，那棟大樓設計成雙H型，確保自然光線能照到最多房間。雖然我已經透過家裡的十二吋電視研究過這個地方，走進這棟大樓的感覺還是像第一次踏上巴特農神殿。那天，我見到法蘭克．湯瑪斯（Frank Thomas）和奧利．強斯頓（Ollie Johnston），他們都是迪士尼的「九大元老」成員，這些傳奇動畫師創造出我喜愛的迪士尼電影，像是《木偶奇遇記》和《小飛俠彼得潘》。我也參觀了保存所有動畫電影原畫的檔案室，那一排排數不清的影像曾令我想像力奔馳。我好像進入了希望的天堂。

不過，我很快就明白一件事，我在迪士尼見到的人（我發誓，其中一個人的名字幾乎和唐老鴨一樣，他叫唐納德．達克沃〔Donald Duckwall〕）都對蘇澤蘭的交換計畫完全不感興趣。華特．迪士尼追求技術冒險的精神早已不復存在，我的熱情描述只換來空洞的眼神。他們認為電腦和動畫根本不能混為一談。他們怎麼知道？因為一九七一年，他們拍攝真人和動畫結合的電影《飛天萬能床》（*Bedknobs and Broomsticks*），必須以電腦繪製幾百萬個泡泡，結果電腦顯然讓他們失望，當時的技術實在很差，根本畫不出泡泡。那天，不只一名迪士尼高層主管對我說：「在電腦動畫能畫出泡泡以前，這些都不可能。」

他們反而設法說服我進入迪士尼幻想工程（Disney Imagineering），也就是專門設計主題公園的部門。雖然華特．迪士尼對我影響深遠，我還是毫不猶豫地婉拒他們。設計主題公園的工作會把我帶到我不想走的路，我不想靠設計遊樂設施為生，我想用電腦製作動畫。

目標：製作第一部電腦動畫電影

正如同華特．迪士尼與手繪動畫先驅幾十年前所做的，我們這些想以電腦繪製動畫的人也是企圖創新。只要猶他大學的同學一有新發明，我們就會馬上運用，把新概念進一步往前推。雖然挫折難免，但是我們總覺得自己正朝著遠處的目標穩步前進。

還沒聽說迪士尼的泡泡問題之前，我們就花了很多時間設法改進以電腦繪製平滑曲面的方法，讓影像顯得更豐富精緻。我的論文〈以電腦顯示曲面的細分運算法〉（A Subdivision Algorithm for Computer Display of Curved Surfaces）就提供了解決這個問題的方法。

我大部分時間都在思考這種在當時非常高科技、也很難解釋的事物，不過我會想辦法解釋。主要的概念就是我所謂的「細分曲面」（subdivision surfaces），以剔透的紅瓶子為例，我沒有繪製出整個光滑的表面，而是把表面分成許多小塊，這樣無論呈現或上色都比較容易，最後再把不同區塊結合在一起，就能繪製出剔透的紅瓶子。當時電腦的記憶體容量很小，所以我們花很多時間想辦法克服這個限制，這就是方法之一。如果想替物品加上斑馬條紋或木紋呢？我的論文也提出辦法。我稱之為「紋理映射」（texture mapping），就像有延展性的包裝紙一樣，可以緊緊包覆在曲面上，我製作的第一張紋理映射圖，就是把米老鼠圖像放上波浪狀的表面。我也用小熊維尼和跳跳虎（Tigger）說明我的觀點。我也許還沒準備到迪士尼上班，不過迪士尼的角色仍然是我的參考標準。

在猶他大學，我們像是在發明一種新語言，其中一個人提供動詞，另一個提供名詞，第三個會想辦法把字符元素結合在一起，表達完整的想法。我們的研究建立在別人的成果之上，我發明的「Z緩衝區」（Z buffer）就是很好的例子。Z緩衝區是用來解決在電腦上一個物品隱藏、或是部分隱藏在另一個物品背後的問題。雖然電腦記憶體裡有描繪該隱藏物品所有角度的數據（代表有需要的話，你可以看到），不過基於理想的空間關係，被隱藏的物品不應該完全出現。我們要想辦法告訴電腦這件事，例如一顆球在立方體前面，遮住立方體的一部分，螢幕上應該可以看到球的表面以及立方體沒有被球擋住的部分。Z緩衝區就能指定物體在三度空間的深度，告訴電腦何時該忽略被遮蔽的像素。當時電腦的記憶體有限，那並非可行的解決方案，不過我找到解決問題的方法。這雖然聽起來簡單，但絕非如此。今天全世界所有遊戲和電腦晶片裡都裝載了Z緩衝區。

我在一九七四年拿到博士學位後，帶著這些新發明離開猶他州，但我知道這一切都是為了達成更遠大的目標。我們能夠有這些發明，很大一部分是因為我們置身於保護、接納、有挑戰的環境。我們的系主任知道，要建立成果豐碩的實驗室，他們必須找來各式各樣喜歡思考的人，鼓勵這些人自主，在必要時提供建議，但是他們也願意後退一步，給我們很大的空間。我本能地感覺到這種環境很少見，值得接觸。我從猶他大學獲得最有價值的經驗，就是老師建立的典範，讓我了解如何引導、激勵其他創意思想家。我的問題在於如何進入另一個類似的環境，或是如何建立這樣的環境。

我離開猶他州，明確知道自己的目標，也準備把一生奉獻給那個目標：製作第一部電腦動畫電影。實現這個目標並不容易。我想至少還要十年，我們才能找到如何讓角色立體化、賦予他們生命、將他們放入複雜背景中的方法，然後才能開始製作短片，甚至電影長片。當時我不知道達成這個目標不只得克服技術上的困難，也要有創新的工作方式。

我找不到任何公司或大學和我有相同的目標。事實上，我每次到大學應徵教職，只要提出這個目標，場內就像籠罩一片烏雲，面試官會說：「但是我們希望你教**電腦科學**。」我的提議在當時大多數學者看來，是遙不可及、昂貴的幻想。

不過在一九七四年十一月，我接到一通神祕電話，有個女子說她在名為紐約理工學院（New York Institute of Technology）的地方上班，她是院長祕書，要幫我訂機票。我告訴她，我不知道她在說什麼，可以再說一次你們是什麼學院嗎？為什麼要我飛到紐約？一陣尷尬的沉默後，她說：「對不起，應該有人在我之前打電話給你。」

她掛斷電話，我接到的下一通電話改變了我的一生。

｜第2章｜

皮克斯誕生

何謂成功的管理？

當時我還年輕，什麼都不懂，正準備透過一連串工作找出答案，我替三位與眾不同、領導風格各異的人工作，如同上了領導速成班。接下來十年間，我學到很多，了解主管應該和不該做什麼、什麼是遠見、什麼是錯覺，也明白自信和傲慢的不同，以及什麼能夠激發及扼殺創造力。我慢慢累積經驗，只要遇到好奇或不解的問題就會發問，即使四十多年過去，現在的我還是會不停發問。

我的第一個老闆是亞歷山大．舒爾（Alexander Schure），就是他的祕書在一九七四年突然打電話給我，說要替我訂機票，然後發現不對勁，又突然掛掉電話。幾分鐘後我接到一名陌生男子打來的電話，他說他替舒爾工作，舒爾在長島北岸創辦了一間研究室，決心把電腦引進動畫製作。他向我保證，錢不是問題，舒爾很有錢。他們要的是找人管理，問我有沒有興趣？

幾週之後，我就搬進了紐約理工學院的辦公室。

管理的第一堂課：雇用比自己更優秀的人

舒爾曾經當過大學校長，對電腦科學領域一竅不通，這在當時並非不尋常，不過舒爾絕對不是普通人。他天真地相信人類馬上會被電腦取代，他想領導這波趨勢（這在當時是很常見的誤解，但是很感謝他為我們的研究提供資金）。他的講話方式很特別，夾雜著咆哮、不合邏輯的推理，甚至像《愛麗絲夢遊仙境》的瘋狂製帽匠摻雜押韻的句子，或是同事所說的「語詞沙拉」[1]，例如他會說：「我們的視野會使時間加速，最後將之消除。」

和他共事的人時常無法理解他在說什麼。舒爾有個祕密的野心（好吧，也沒那麼祕密），他幾乎每天都說他不想成為下一個迪士尼，但這只會讓我們都覺得他很想。我剛就任時，他正在執導一部名為《低音號塔比》（*Tubby the Tuba*）的手繪動畫電影。這部作品先天不良，紐約理工學院沒

1 譯註：word salad，精神分裂症的症狀，意指思想混亂無邏輯，說話內容像沙拉一樣，所有醬料和食材混在一起，顯得毫無章法。

有人受過製作電影的訓練或知道如何說故事，電影上映後，很快就消失得無影無蹤。

舒爾雖然對自己的能力有不切實際的幻想，卻是很有遠見的人。他預見有一天動畫會以電腦製作，而且他願意掏出很多錢來推動這個願景。他堅定地追求很多人認為是白日夢的想法：融合科技和手繪藝術，替這個領域帶來許多創新研究。

舒爾讓我組織一個團隊，他對自己雇用的人有十足信心，我很欽佩他這一點，後來也努力要求自己做到。我面試的第一批人當中包括艾維・雷・史密斯（Alvy Ray Smith），他是魅力十足的德州人，電腦科學博士，履歷表很漂亮，包括曾經在紐約大學與加州大學柏克萊分校任教，還待過帕羅奧圖市著名的全錄研究中心（Xerox PARC）。面試的時候我覺得很矛盾，坦白說，他似乎比我更有資格帶領研究室。我還記得當時內心的不安，那種感受到潛在威脅的痛苦，我想，這個傢伙很可能有一天會取代我，不過我還是決定雇用他。

有些人認為雇用史密斯代表我很有自信，事實上，當時我才二十九歲，之前四年都專注於研究，連助手都沒有，更別說雇用和管理人員，我根本沒有自信。然而我知道紐約理工學院可以幫助我探索讀研究所時立下的目標。為了確保目標能夠達成，我必須吸引最聰明的人才；要吸引聰明人，我得拋開自己的不安全感。先進研究計畫局的經驗深植我的腦海：**面對挑戰，你會變得更聰明。**

我們就是那麼做的。史密斯後來成為我親密的朋友和信賴的合作夥伴之一。從那時起，我的原則就是雇用比我聰明的人。雇用優秀人才最明顯的好處是他們會不斷創新、精益求精，讓你的公司——甚至是你——看起來也很優秀。不過回想起來，對我來說還有一個較沒那麼明顯的好處：聘請史密斯的舉動讓我成為一個真正的管理人。由於我忽略了內心的恐懼，才會知道原先的擔心是毫無根據的。這些年來，我遇過採取看似安全路徑的人，結果並沒有比較好。冒險雇用史密斯替我帶來最棒的回報：獲得一位傑出、忠誠的隊友。念研究所時，我就在思考如何複製猶他大學的特殊環境，現在我突然找到了方法：**即使明知有被取代的風險，還是要選擇比自己更優秀的人才**。

我們在紐約理工學院的目標只有一個：擴大電腦在動畫與繪圖上的使用範圍。透過口耳相傳，我們開始吸引這個領域最頂尖的人才。團隊漸漸擴增，我要盡快找出管理的方法。我設計出扁平式的組織架構，就像我在研究所的環境，主要是因為我天真地認為，如果設立階級式架構，指定一堆主管向我匯報，我就得花太多力氣去管理，沒時間做想做的事。我讓所有人以自己的步調執行自己的計畫，這種架構雖然有其問題，但我的團隊本來就積極上進，給他們充分自由，能讓我們的技術在短時間內有很大的進展。我們一起完成了開創性的工作，其中大部分是著重在弄清楚如何融合電腦與手繪動畫。

例如，我在一九七七年寫了名為「補間動畫」（Tween）的2D動畫程式，執行所謂的「自動視覺連貫」（automatic inbetweening），也就是填補關鍵影格當中的空白部分，這原本是昂貴、需要大量勞力的程序。另一項技術創新是「動態模糊」（motion blur）。動畫（尤其是電腦動畫）

都是對焦完美的圖像，這聽起來像是好事，但事實上，人類對這種圖像的反應很負面。如果所有移動的物體都完美對焦，電影觀眾會體驗到很不愉快、近似閃光的感覺，也就是所謂的「急跳」（jerky）。真人演出的電影不會有這個問題，因為傳統攝影機會在物體移動時捕捉到輕微的模糊畫面。這讓我們的大腦不會注意到銳利的邊緣，會覺得這種模糊很自然。如果沒有動態模糊，我們的大腦會覺得不對勁。所以我們要在動畫中模擬這種模糊感，如果人類的視覺無法接受電腦動畫，這個領域就不會有未來。

當時有少數幾間公司試圖解決這些問題，不過大多嚴格執行近似於中央情報局的保密文化。畢竟我們在比賽誰最先製作出電腦動畫電影，所以很多人不願意讓別人看到他們的成果。不過史密斯和我討論之後，決定反其道而行，我們要和外界分享成果。我認為大家離目標都很遠，隱瞞只會形成阻礙。所以紐約理工學院參與電腦繪圖社群的活動、發表我們的發現、參加研討會、探討研究人員發表的各式論文，並主動參與重要學術會議。我們並非立即感受到這種透明化的好處（而且，我們做此決定時，甚至不指望得到什麼好處，只覺得這樣做是對的），但我們累積的關係和人脈，後來證明比我們所能想像的更有價值，幫助我們技術創新，也讓我們更了解創造力。

不過，我發現自己在紐約理工學院陷入窘境。感謝舒爾提供我們資金購買設備，以及聘請電腦動畫領域創新所需的人才，但是我們都不了解如何製作電影。我們在發展運用電腦說故事的能力，卻沒有說故事的人才，這使我們處於劣勢。史密斯和我發現這個問題，開始悄悄和迪士尼與其他工作室接觸，想了解他們有沒有興趣投資我們的工具。如果找到感興趣的人，史密斯和我準備離開紐約理工學院，把團隊移到洛杉磯，與有經驗的電影製片和說故事人合作，但是我們沒有找到，對方紛紛表示疑慮。現在也許很難想像，但是在一九七六年，把高科技帶入好萊塢電影製作的想法不僅不重要，甚至根本不被納入考量。不過，有個人即將改變這種狀況，以一部名為《星際大戰》的電影。

管理的第二堂課：做或不做，沒有試這回事

一九七七年五月二十五日，《星際大戰》在全美各地電影院上映，其視覺效果和破紀錄的票房就此改變了這個行業。三十二歲的編劇兼導演喬治．盧卡斯（George Lucas）開始嶄露頭角，他成立的盧卡斯影業以及光影魔幻工業特效公司（Industrial Light & Magic Studio）率先開發視覺效果和音效設計技術。在其他人都不感興趣的時候，盧卡斯決定在一九七九年七月成立電腦部門，拜天行者路克所賜，他有足夠的資源好好去做。

他要找人管理這個部門，這個人除了懂電腦，也得熱愛電影，並相信兩者不僅可以共存，還能互補。最後盧卡斯找到我。他的得力助手、特效技術先驅理察．艾德蘭（Richard Edlund）有一天下午到紐約理工學院來找我，他繫的皮帶扣上有著大大的「Star Wars」（星際大戰）字樣，我有

點擔心，因為我不希望被舒爾發現他的來訪。但不知為何，舒爾沒有把兩件事連結在一起。盧卡斯的特使顯然對我很滿意，因為他離開後幾星期，就找我去加州的盧卡斯影業接受正式面試。

第一次面談是和鮑伯・金迪（Bob Gindy），他負責管理盧卡斯個人的工程建設計畫，不太像負責面試電腦部門主管的人。他問我的第一個問題是：「盧卡斯影業還應該考慮雇用誰來做這份工作？」他指的就是我來應徵的這份工作。我毫不猶豫地說了幾個在不同科技領域表現令我印象深刻的人。我願意這麼做，反映的是我在學術界鍛練出來的世界觀，相信困難的問題應該由許多聰明的頭腦同時想辦法解決，完全沒有意識到這樣做似乎很愚蠢。後來我才知道，盧卡斯影業已經面試過我提到的那些人，也要求他們提供類似建議，但沒有一個人說出別人的名字！只要是正常人，都想爭取替盧卡斯工作的機會，但不願說出別人的名字，不僅代表競爭心強烈，也是缺乏自信的表現。不久，我便得到和盧卡斯面談的機會。

我記得赴約途中我很緊張，我很少這樣。《星際大戰》之前，盧卡斯已經以《美國風情畫》（*American Graffiti*）證明他是成功的編劇、導演兼製片；我則是懷著昂貴夢想的電腦人。不過，我到了他在洛杉磯的拍片地點後，發現我們有點相像：我們都瘦瘦的、留鬍子、三十歲出頭，而且都戴眼鏡，工作起來非常投入，有話要講才發言。不過讓我印象最深刻的是他很實際。他不是只為了好玩而把科技帶入電影製作。他對電腦感興趣，純粹因為電腦可能替電影製作過程增加價值，無論是藉由數位光學印片、數位音效、數位非線性剪輯或電腦製圖，我告訴他這點是肯定的。

後來，盧卡斯說他雇用我，是因為他覺得我很誠實、看事情很清楚，還有我深信電腦的潛能。我們見面後沒多久，他就給了我這份工作。

搬進盧卡斯影業新成立的電腦事業部（臨時總部設在聖安瑟莫〔San Anselmo〕的兩層樓建築裡）時，我給了自己一項任務：重新思考如何管理人。盧卡斯希望開創的事業，比我在紐約理工學院管理的部門更有企圖心、知名度更高、預算也更多，而且他在好萊塢必然有更大的影響力。我希望確保團隊充分運用這個機會。我在紐約理工學院建立近似猶他大學的扁平架構，給同事很多空間、很少監督，我對結果還算滿意。但是現在我不得不承認，我們在那裡表現得像一群研究生，每個人獨立思考個人的計畫，而非有共同目標的團隊。盧卡斯的研究實驗室不是大學，而且那種架構很難擴展。在盧卡斯影業，我決定找人來管理製圖、影片和音效團隊，讓他們向我呈報。我知道我必須建立某種階級制度，但是我也擔心這種制度會產生問題，所以我一開始是懷著質疑，緩步前進，但也知道那某部分來說是必要的。

一九七九年的灣區為我們提供相當有利的環境。矽谷電腦公司的數目增加速度之快，沒有人的旋轉式名片架（沒錯，我們當時就是用這種東西）來得及更新。另一個成長快速的領域是交由電腦處理的任務。我到加州後不久，微軟的比爾・蓋茲同意替ＩＢＭ個人電腦建立操作系統，改變了美國人的工作方式。一年後，雅達利公司（Atari）發表第一款家用遊戲主機，把受歡迎的大型電玩，例如太空侵略者（Space Invaders）和小精靈（Pac-Man）帶入美國人的客廳，開拓出全球銷售金額超過六百五十億的市場。

電腦領域進展快速。一九七〇年，我還是研究生的時候，我們用的是ＩＢＭ和其他七間大型電腦公司生產的巨型電腦（我們戲稱為「ＩＢＭ和七矮人」），電腦室擺滿成排六呎高、兩呎寬、三十吋深的機器；五年後，我到紐約理工學院上班，和衣櫃差不多大小的迷你電腦愈來愈普及，麻州的迪吉多公司（Digital Equipment）是主要生產商；一九七九年，我到盧卡斯影業的時候，開始流行工作站電腦，由矽谷新成立的昇陽電腦、視算科技以及ＩＢＭ製造，不過當時每個人都知道，工作站電腦只是轉移到個人電腦、以及最終到個人桌上型電腦的另一站。這些演變替願意並能夠創新的人開創看似無限的機會，致富的誘惑吸引聰明、有抱負的人，引發激烈的競爭和風險。舊有的商業模式不斷發生翻天覆地的變化。

盧卡斯影業的總部位於馬林郡（Marin County），離矽谷北方一小時車程，從好萊塢搭機也是一小時。這樣的地理位置並非偶然，盧卡斯覺得自己是製片人，所以矽谷不適合他，但他也不想離洛杉磯太近，於是他創造了自己的天地，一個同時擁抱電影和電腦、但又沒有當時這兩種公司普遍特有的企業文化的團體。這樣的環境有點類似受到保護的學術機構，我一直記得這個概念，後來我在皮克斯嘗試建立的文化也受益於此。他們重視實驗，但也絕對沒有忘記這是以營利為目的的事業。換句話說，我們覺得自己是為了特定目標在解決問題。

我讓史密斯管理製圖團隊，剛開始，團隊的目標是找出以電腦執行「藍幕去背」的方法，也就是把一個圖像（例如站在衝浪板上的人）合成到另一個圖像（像是一百呎高的波浪）。在數位化之前，這種效果必須使用精密的光學設備在膠片上製作，當時的特效人員沒有興趣改變那種辛苦的做法，所以我們得說服他們。史密斯的研究小組開始設計專業電腦，具有掃描膠片的解析和處理能力，能夠結合特效影像與真實拍攝的鏡頭，並把最後的成品記錄到膠片上。工程師花了大約四年設計出這種裝置，我們將之命名為「皮克斯影像電腦」（Pixar Image Computer）。

「皮克斯」這個名字，是從史密斯和另一名同事洛倫・卡本特（Loren Carpenter）的來回討論中出現的。史密斯在德州和新墨西哥州長大，對西班牙文情有獨鍾，尤其對英文中某些看起來像西班牙文動詞的名詞很感興趣，例如「雷射」（laser），所以史密斯提議「皮克瑟」（Pixer），這是他捏造的西班牙文動詞，意思是「製作圖片」；卡本特則提議「雷達」（Radar），他覺得聽起來比較高科技。那何不把兩個字融合在一起？Pixer＋Radar＝皮克斯（Pixar）！就是這個了。

盧卡斯影業的特效人員對我們的電腦製圖技術不是很感興趣，剪輯師則是徹底反對。我們發現這點，是因為盧卡斯要求我們開發影片編輯系統，讓剪輯師在電腦上工作。盧卡斯設想的目標是，有一套能輕易把拍好的鏡頭儲存在電腦的程式，那樣剪接起來就會更快速。我從紐約理工學院挖角擁有卡內基梅隆大學（Carnegie Mellon）電影製作學位的程式設計師拉夫・古根漢（Ralph Guggenheim），請他帶領這個計畫。但是這計畫超前時代太多，支援這個軟體的硬體根本還不存在。為了模擬使用方式，古根漢得用雷射光碟製作臨時的系統。這個問題雖然棘手，更大的障礙卻是人類對改變的抗拒。

盧卡斯雖然希望採用新的影片編輯系統，盧卡斯影業的剪輯師卻不這麼認為。他們很滿意目前的方式，也就是用刀片把膠片切成片段，然後再黏回去。他們不想改用一時之間會使他們工作速度變慢的東西。他們喜歡熟悉的方法，改變代表不自在。所以剪輯師拒絕參與測試，他們不在乎這是革命性的發展，也不管盧卡斯有多支持，這種抗拒導致進展突然停滯。

我們該怎麼辦？

如果任由剪輯師決定，就不會有新工具，也不會有任何改善。他們看不見改變的好處，無法想像使用電腦會讓他們工作更輕鬆、更有效率。但是如果我們孤立地設計一套新系統，沒有剪輯師的投入，這個工具就無法滿足他們的需求。我們雖然對新發明很有信心，但是光有信心還不夠，我們必須讓使用工具的人支持我們，不然就得放棄計畫。

顯然，**光是領導人提出好點子並不夠，要讓真正執行相關職務的人支持才行**。我把這個教訓謹記在心。

在盧卡斯影業擔任主管那幾年，我有時不知所措、質疑自己的能力，思考該不該嘗試更有魄力、強勢的管理風格。我授權給其他主管，來實行我的階級制度，但我也隸屬盧卡斯影業帝國行政管理系統的一部分。我記得晚上回家時常感到筋疲力盡，彷彿一整天在一群馬背上拚命尋找平衡，只不過一些是純種馬、一些是野馬，還有些是努力想跟上的小馬。我發現要讓自己不掉下來都很困難，更遑論控制方向。

總之，管理很困難，沒有人把我拉到一邊教我怎麼做。我讀了許多相關書籍，發現內容幾乎都空洞無物，所以我去觀察盧卡斯怎麼做。我發現他的管理方式似乎反映了他放在絕地大師尤達身上的哲學，就像尤達說的：「做，或不做，沒有試這回事。」盧卡斯喜歡用平易近人的比喻形容生活的混亂，他把開發四千七百英畝天行者牧場（一座有著住宅與生產設備的迷你城市）的艱難過程，比喻為一艘駛在河上的船……從中斷成兩半……船長還被扔出船外，他說：「我們還是要抵達目標，抓起槳，我們繼續前進！」

另一個他很喜歡的比喻是，建立公司就像搭乘開往西部的篷車隊。朝著豐饒土地前進的漫長旅程中，開拓者滿懷希望，到達目的地的目標把他們凝聚在一起。到達之後，人們會來來去去，那是理所當然，但他覺得最理想的狀態，是抵達之前朝著目標**前進**的過程。

無論是船或篷車隊，盧卡斯都是以遠大的視野來思考；他相信未來，也相信自己有能力塑造未來。很多人都聽過一個故事：拍完備受讚譽的《美國風情畫》，有人告訴他，製作下一部電影《星際大戰》時，要提出更高的片酬。這在好萊塢很平常，但盧卡斯沒有這麼做，他完全沒提提高片酬的事，而是直接要求保留《星際大戰》所有權和周邊商品銷售權。經銷這部電影的二十世紀福斯爽快答應他的要求，認為這對他們沒什麼壞處。盧卡斯後來證明他們錯了，也替他鍾愛的這個行業立下重大變化。他把賭注押在自己身上，贏了這場賭局。

故事對了最重要

《星際大戰》之後，盧卡斯影業吸引許多知名人物，史蒂芬・史匹柏和馬丁・史柯西斯（Martin Scorsese）之類的知名導演不時出現，想了解我們在做什麼，以及他們的電影可以使用什麼新特效或創新技術。讓我印象最深刻的是一九八三年情人節剛過，一群迪士尼動畫師來訪。我帶著他們四處參觀時，發現一名穿著寬鬆牛仔褲、名叫約翰的小伙子對我們的研究顯得特別興奮、好奇。我播放我們引以為榮，名為〈到雷耶斯岬之路〉（The Road to Point Reyes）的電腦動畫影像，他整個人都看呆了。我告訴他，那眺望太平洋、微微彎曲道路的影像，是用我們新開發的雷耶斯（Reyes）軟體（也就是「繪製所有你看到的事物」〔Renders Everything You Ever Saw〕的縮寫）製作出來的。那是個雙關語：加州的雷耶斯岬是一號公路上的濱海小鎮，就在盧卡斯影業附近。雷耶斯在當時是很先進的電腦製圖軟體，拉薩特顯得很驚訝。

他後來告訴我原因。他想製作一部名叫《勇敢的小烤麵包機》的電影，講述被遺棄在樹林小木屋的烤麵包機、毯子、檯燈、收音機和吸塵器去城裡找主人的故事。他正準備向迪士尼動畫的上司提議，這會是第一部把手繪角色放到以電腦繪製的背景中的電影，就像我剛才展示的影像。他想知道我們能不能合作實現這項計畫。

這名動畫師叫做約翰・拉薩特。我們在盧卡斯影業見面後不久，他就失去他在迪士尼的工作，不過當時我不知道。顯然他的上司們覺得《勇敢的小烤麵包機》和他一樣過於前衛，聽了他的提案後馬上將他解雇。幾個月後，我在瑪莉皇后號上又遇到拉薩特。這座歷史悠久的長灘市旅館，是一艘停靠在碼頭的遠洋輪船，也是一年一度普瑞特藝術學院電腦製圖座談會（Pratt Institute Symposium on Computer Graphics）的開會地點。我不知道他剛失業，問他有沒有可能來盧卡斯影業幫我們製作第一部短片，他毫不猶豫地答應了。我記得當時心想，蘇澤蘭教授交換計畫的概念彷彿終於實現了，迪士尼動畫師加入我們的團隊，即使只是暫時的，都是很大的助力。這是第一次，真正有會說故事的人加入我們行列。

拉薩特是天生的夢想家，童年大部分時間都在做白日夢，活在他畫在素描本上的樹屋、隧道和太空船的世界。他的父親是加州惠提爾市（Whittier）雪佛蘭汽車經銷商的零件部經理，這也種下拉薩特對汽車的迷戀；他的媽媽則是高中美術老師。拉薩特和我一樣，發現有人靠著製作動畫維生，便覺得找到自己在世界的位置。他的發現也和迪士尼有關，他高中時，偶然在圖書館看到巴布·湯瑪斯（Bob Thomas）的《動畫的藝術》（*The Art of Animation*），書裡介紹湯瑪斯在迪士尼工作室的經歷。我見到拉薩特的時候，他和當時地球上所有二十六歲的人一樣，對華特·迪士尼有很深的情感。他進入迪士尼創辦的加州藝術學院（CalArts），拜迪士尼黃金時期最偉大的藝術家為師。畢業後，他到迪士尼樂園的叢林巡航區（Jungle Cruise）擔任導覽員，並在一九七九年，以向迪士尼《小姐與流氓》致敬的短片《小姐與檯燈》（*The Lady and the Lamp*）得到學生奧斯卡獎，短片的主角白色檯燈，後來演變為皮克斯的標誌。

但是拉薩特加入迪士尼動畫時，不知道那裡正經歷痛苦的休耕期。自從一九六一年的《一〇一忠狗》之後，迪士尼動畫就沒有顯著的技術進展。許多年輕、有才華的動畫師紛紛離開工作室，這部分反映出那裡愈來愈重視階級的文化，而他們的想法不受重視。拉薩特在一九七九年進入迪士尼，工作室的九大元老，包括湯瑪斯和強斯頓都年事已高，最年輕的是六十五歲，已經不再參與日常的電影製作事務，把工作室交給在他們旗下等待幾十年、才華比不上他們的藝術家，這些人覺得應該輪到他們主導，卻又對自己在公司的地位很沒安全感，不但不鼓勵、反而扼殺年輕人才，藉以緊抓住他們新得到的權力。他們不但對新進動畫師的點子不感興趣，甚至會施以懲罰，似乎決心不讓屬下晉升得比他們以前快。拉薩特進入這種環境，馬上就覺得不快樂，不過被解雇對他還是造成很大的衝擊，怪不得他如此熱切想加入盧卡斯影業。

我們請拉薩特協助的計畫原本叫做《與安德烈早餐》，是向我們喜愛的一九八一年電影《與安德烈晚餐》（*My Dinner with André*）致敬。我們的想法很簡單：一個叫安德烈的機器人，在太陽升起時醒來、打哈欠，然後伸懶腰，背景是綠意盎然、以電腦繪製的世界。帶領這項計畫的史密斯已經畫出第一批分鏡腳本，讓我們測試新開發的動畫技術。他很高興拉薩特的加入，拉薩特熱情洋溢，總是能引出人們最好的一面，他的能量會讓電影充滿活力。

「我可以講幾件事嗎？」看過初步的分鏡腳本後，拉薩特問史密斯。

「當然，」史密斯說。「這就是你來這裡的原因。」

史密斯說，拉薩特「拯救了這部電影。我很愚蠢，以為自己是動畫師，但是坦白講，我沒有那種魔力，我可以讓東西移動得很好看，但是我不擅長思考、表現情感和賦予意念，拉薩特才會」。拉薩特建議把主角的外觀變得比較簡單，看起來像人類，頭部是一顆球，另一顆球是鼻子，不過他最棒的建議是添加和安德烈互動的威利（Wally）大黃蜂，其名來自於主演《與安德烈晚餐》的華萊士．尚恩（Wallace Shawn）。短片更名為《安德烈與威利冒險記》（*The Adventures of André and Wally B.*），影片開頭，安德烈仰臥在森林裡睡覺，醒來後，發現威利在臉上盤旋，他嚇壞了，慌忙逃走，威利嗡嗡地飛在後面追他。全部的劇情就是這樣（如果能稱之為劇情的話），坦白說，我們的重點主要放在展現電腦繪圖的能力，而非故事。即使這麼簡短的形式，拉薩特也能創造情感張力。

短片長度是兩分鐘，但我們差一點來不及完成，不是因為繪圖花掉很多時間，雖然那部分的工作確實要花很多功夫，而是因為我們同時在發展動畫程序，而且給自己預留太少時間。我們設下的期限是一九八四年七月——拉薩特加入僅僅八個月——因為一年一度的電腦動畫展（SIGGRAPH）將在明尼亞波里斯市（Minneapolis）舉行。這場為期一週的電腦製圖高峰會是了解這個領域發展的絕佳機會，學術界、教育界人士、藝術家、硬體銷售人員、研究所學生、程式設計師齊聚一堂。按照傳統，會議當週的星期二是「電影之夜」，將播放該年電腦動畫界最精彩的視覺作品。在當時，大部分影片都是長約十五秒的片段，不是呈現電視台的標誌（像是旋轉的地球或搖曳的美國國旗），就是科學的視覺影像（例如美國太空總署旅行者二號太空船飛越土星，或是康得感冒膠囊的圖像）。**威利**會是第一個在電腦動畫展中播放的電腦動畫角色。

期限漸漸逼近，我們來不及製作完成，我們努力想創造出漂亮清晰的影像，但是背景設定在森林，當時的技術很難繪製樹葉，我們沒有料到這些影像需要多強大的電腦處理能力，以及過程要花多少時間。最後我們只來得及完成粗略的版本，其中有一部分是以線框影像呈現，並非完整的彩色影像。首映之夜，我們羞愧地看著這些片段出現在銀幕上，但是令人驚訝的事發生了，儘管我們擔心不已，放映之後，大多數人都說他們根本沒注意到影片從彩色切換至黑白線框！他們深深投入於故事的情感中，並未注意到其中的缺陷。

這是我第一次遇見這種現象，後來我在工作生涯中也不斷注意到：在所有投入於藝術作品的關注中，只要故事對了，視覺效果不一定要完美。

和賈伯斯的第一次接觸

一九八三年，盧卡斯和妻子馬西雅（Marcia）分手，離婚協議影響到盧卡斯影業的現金持有狀況。盧卡斯沒有失去企圖心，但是面對財務現實，他不得不精簡公司業務。在此同時，我也漸漸發現，雖然在電腦部門的我們很想製作出動畫電影，但那不是盧卡斯的夢想，他最感興趣的一直是以電腦輔助真人電影。有一段時間，我們的目標雖然不相同，但有所重疊、互相推進。但是現在，在必須鞏固投資的壓力下，盧卡斯決定賣掉我們。電腦部門的主要資產是和皮克斯影像電腦有關的業務，雖然我們最初設計的目的是處理膠片的影格，但是後來發現有多種用途，包含醫學影像和原型設計，首都華盛頓許多有三個縮寫字母的政府部門也用這台電腦處理影像。

接下來的一年，大概是我這輩子壓力最沉重的時刻。

盧卡斯聘請外部管理團隊來重組盧卡斯影業，那些人好像只在乎現金流量，而隨著時間過去，他們愈來愈懷疑我們的部門能吸引到買家。這個團隊由兩位同名的男性主導，史密斯和我替他們取了「呆瓜二人組」的綽號，因為他們根本不了解我們這個行業，老是丟出一堆管理顧問專有名詞（他們喜歡吹噓自己的「企業直覺」（corporate intuition），不斷要求我們進行「策略結盟」），但是對於如何幫助我們吸引買家或是該接觸哪些買家似乎一無所知。有一次，他們把我們叫進辦公室，要我們坐下，說為了降低成本，我們得解雇所有員工，直到部門順利出售，到時候可以再討論重新雇用他們。我們知道這麼做會傷害員工的感情，而且我們真正的賣點——到目前為止吸引潛在買家的誘因——就是我們的人才，如果沒有他們，我們什麼都沒有。

所以，他們要求提供裁員名單時，史密斯和我給了他們兩個名字：他和我。計畫因此暫停，但是到了一九八五年，我強烈意識到如果不趕快把我們賣掉，我們很可能隨時就會被關閉。

盧卡斯影業希望從這筆交易拿到一千五百萬美元現金，但我們的部門有一項業務計畫，需要另外投入一千五百萬美元，幫助我們把雛型變成產品，並確保我們能獨立運作。他們找到的創投公司通常不願在收購時承諾投入這麼一大筆現金，他們跟大約二十位買家兜售過，沒有一個上鉤。然後，換成一連串製造商來檢視我們，同樣沒有結果。

最後，我們和通用汽車與荷蘭的電子工程集團飛利浦達成協議，飛利浦對皮克斯影像電腦感興趣，因為我們開發出轉換大量數據的基礎技術，例如從電腦斷層掃描或核磁共振得到的數據；通用汽車公司有興趣，則是因為他們可以用我們的技術建立汽車設計模型。不過，不到一個星期就要簽約，交易卻破局了。

我記得當時覺得一陣絕望，但也鬆了一口氣。我們一開始就知道，和通用汽車與飛利浦合併，很可能終結製作第一部動畫電影的夢想，但是無論收購對象為何，這樣的風險必然存在，所有投資人都有自己的目標，那是為了生存必須付出的代價。直到今天，我都很感激這次交易沒有成功，因為那替賈伯斯鋪了一條路。

我第一次見到賈伯斯是在一九八五年二月，他當時是蘋果電腦董事長，那場會議是由蘋果的首席科學家凱伊安排，他知道史密斯和我在尋找投資人買下我們的部門。凱伊是我在猶他大學的同學，也是史密斯在全錄研究中心的同事。他告訴賈伯斯，如果想看電腦繪圖最先進的技術，就要來找我們。會議室放置了白板和大會議桌，擺了幾張椅子，不過賈伯斯沒有在椅子上坐太久，沒過幾分鐘，他就站在白板前畫圖表，向我們解釋蘋果公司的收入。

他的自信讓我印象深刻。我們直接進入主題，賈伯斯問了很多問題。**你們想要什麼？你們在朝什麼方向前進？你們的長期目標是什麼？**他用「棒到不行的產品」來解釋他相信的東西。整場會議都是他在主導，過沒多久，他就開始討論交易細節。

老實說，我當時有些擔心。賈伯斯的個性很強勢，我完全不是，他讓我有威脅感，我雖然說過要讓身邊環繞比我聰明的人，不過他的強勢完全是另一種層次，我不知道如何解釋。他讓我聯想到當時麥克賽爾（Maxell）錄音帶深植人心的廣告：一個男人坐在柯比意的鍍鉻鋼管皮椅上，立體聲喇叭傳出的聲音把他的長髮吹得往後飛揚。那就是和賈伯斯在一起的感覺。他是那具立體聲喇叭，我們就是那個人。

開會後將近兩個月，一點消息也沒有。

我們百思不解，因為賈伯斯在開會時表現得如此熱切。我們後來才知道原因，五月下旬，我們在報上看到賈伯斯和蘋果執行長約翰．史考利（John Sculley）產生歧見的新聞，史考利聽聞賈伯斯打算策動董事會政變，便說服蘋果董事會解除賈伯斯的麥金塔部門負責人職務。

塵埃落定之後，賈伯斯又來找我們，他想尋求新挑戰，認為我們也許就是最好的挑戰。

一天下午，他到盧卡斯影業參觀我們的硬體實驗室。他再次追根究柢、不停發問，**皮克斯影像電腦能做到什麼市面上其他機器做不到的事？什麼人會使用它？你們有什麼長期計畫？**他的目標似乎不是了解我們複雜的技術，而是透過和我們爭辯，精鍊出自己的論點。賈伯斯盛氣凌人的個性時常讓人吃驚。那天，他一度以冷靜的語氣說他想要我的工作。他說，一旦取代我掌權，我可以從他身上學到很多東西，只要短短兩年，我就能憑藉自己的力量管理這個事業。當然，我已經靠自己的力量在管理這個事業，但這種肆無忌憚的態度讓我驚訝不已，他不只打算取代我管理公司，還認為我會覺得這是好主意！

賈伯斯是充滿野心、意志堅定的人，甚至有些不講情面，但是和他交談，他會把你帶到意想不到的地方，強迫你不僅要防衛，還要進攻。這本身就是很有價值的經驗。

第二天，我們開車到蒙洛帕克（Menlo Park）附近、賈伯斯位於伍德賽德市（Woodside）的住所。房子幾乎是空的，只有一台摩托車、一架平台式鋼琴，還有兩名曾在帕妮絲之家（Chez Panisse）[2]工作的私人廚師。我們坐在草地上，望向七英畝的草坪。他正式向盧卡斯影業提出要買下繪圖部門，並給我們看新公司的組織結構圖。我們發現他的目標不是建立動畫工作室，而是建立新一代的家用電腦公司，來與蘋果競爭。

這不僅偏離我們的憧憬，並且是徹底放棄它，所以我們婉拒了他。我們又得重新尋找買家，時間不多了。

皮克斯誕生了！

幾個月過去，《安德烈與威利冒險記》上映快要一週年，我們的焦慮都寫在臉上。那種生存受到威脅、看不到救星的焦慮。不過，我們運氣不錯，至少是地理位置不錯。一九八五年的電腦動畫展在舊金山舉行，就在矽谷的一〇一號高速公路旁。我們在展場架設攤位，展示皮克斯影像電腦。第一天下午，賈伯斯來看我們。

我馬上感覺到他的變化。自從上一次見到他之後，賈伯斯創辦了個人電腦公司 NeXT，我想這讓他能夠用另一種心態和我們接觸，他不再需要證明些什麼。此刻，他環顧我們的攤位，說我們的電腦是全場最有趣的東西。他說：「我們去走走吧。」我們在大廳晃來晃去，他問我：「最近怎麼樣？」

「不太好。」我承認。我們仍然在尋找外部投資人，但是幾乎都不行。此時，賈伯斯提出想和我們重新商議，他說：「也許我們可以一起想辦法。」

我們聊天時，遇到昇陽電腦創辦人之一比爾·喬伊（Bill Joy）。喬伊和賈伯斯都是極為聰

2 編按：美國加州柏克萊市的知名餐廳。

明、爭強好勝、口才便給、固執己見的人。我不記得當時他們的談話內容，但我永遠不會忘記他們交談的模樣：他們站在那裡，鼻子對著鼻子，手臂在背後交叉，以完全相同的節奏擺動，完全無視周遭任何人。這情況持續了好一陣子，直到賈伯斯必須中斷談話去跟其他人碰面。

賈伯斯離開後，喬伊轉身對我說：「天啊，他真傲慢。」

賈伯斯後來回到我們的攤位，走到我面前，提到喬伊，他說：「天啊，他真傲慢。」

那有如電影《超世紀封神榜》（*Clash of the Titans*）般的一刻令我印象深刻。我覺得很有趣，每個人都能看到別人的傲慢，卻看不到自己的。

又過了幾個月，一九八六年一月三號，賈伯斯說他準備簽約，而且願意退讓，不再堅持掌管公司，這解決了我最擔心的問題。除此之外，他還願意讓我們把業務重心放在結合電腦和繪圖。會議結束後，史密斯和我都覺得很放心，唯一無法預測的是他當合夥人會是什麼樣子。我們都知道他是出了名的難相處，只有時間能證明這是不是真的。

這段時間，有一次和賈伯斯見面，我語氣溫和地問他，如果有人不贊同他的意見，他會怎麼辦。他似乎沒有意識到我其實是在問他，如果我們一起工作，而**我**不贊同他的想法，他會怎麼做，因為他說了一個比較籠統的答案。

他說：「如果我和別人意見不一致，我會花更多時間解釋得更清楚，讓他們了解應該怎麼做才對。」

後來我向盧卡斯影業的同事轉述這番話，他們都笑了，是很緊張的笑。我記得賈伯斯的律師告訴我們，如果他的客戶買下我們公司，我們最好有心理準備，要「搭上賈伯斯的雲霄飛車」，當時我們別無選擇，史密斯和我只能準備好搭上那台雲霄飛車。

購併的過程很複雜，因為盧卡斯影業負責談判的人不是很稱職，尤其是財務長，他低估了賈伯斯，認為他只是自視過高的有錢小鬼。這名財務長告訴我，他建立權威的方式是最後一個抵達會議室。他說，如此一來，他會成為「最有力的對手」，因為他、也只有他可以讓所有人在那裡等。

但那只證明了他從來沒見過賈伯斯那種人。

那場重要談判會議的早上，除了財務長之外，我們所有人都準時抵達。賈伯斯和他的律師、我、史密斯、我們的律師、盧卡斯影業的律師，還有一名投資銀行家都到了。上午十點整，賈伯斯環顧四周，發現我們的財務長還沒到，便直接宣布會議開始！就這樣，賈伯斯不但阻擋了財務長讓自己置身權勢頂端的企圖，也搶下會議的控制權。這種積極進攻的策略性手段，定義了接下來幾年賈伯斯對皮克斯的管理方式——他買下我們之後，便把我們視如己出，拚命保護我們。賈伯斯最後支付五百萬美元，讓皮克斯脫離盧卡斯影業，並同意另外支付五百萬美元資助公司，公司七〇%的股票會分給賈伯斯，三〇%留給員工。

一九八六年二月的一個星期一早上，交易完成，會議室一片安靜，因為每個人都被談判弄得筋疲力盡。我們簽好名之後，賈伯斯把史密斯和我拉到一邊，用手臂環繞我們，說：「無論發生什麼事，我們都要忠於對方。」我想那是因為他被蘋果掃地出門，至今仍然覺得很受傷，才會這麼說，但我從沒忘記這句話。過程雖然煎熬，但是充滿活力的小公司皮克斯就此誕生。

| 第 3 章 |

重要的目標

懵懂無知加上非成功不可的動力，最能強迫快速學習，這是我的親身經歷。一九八六年，我成為一家新的硬體公司總裁，主要業務是出售皮克斯影像電腦。

問題是我根本不知道自己要怎麼做。

在外人眼中，皮克斯可能是典型的矽谷新創公司，但其實不是。賈伯斯沒有生產或銷售高端電腦的經驗，也沒有這個領域的直覺。我們沒有銷售、行銷人員，也不知道去哪裡找這些人。賈伯斯、史密斯、拉薩特和我都不知道如何經營公司的業務，我們漸漸覺得力不從心。

我雖然很習慣在預算內工作，但從來不用負責盈虧。我不知道如何管理庫存、確保品質，或是任何銷售產品的公司必須知道的事。我記得當時覺得不知所措，便去買很受歡迎的商業書籍：迪克．列文（Dick Levin）寫的《低買高賣、早收帳遲付款》（*Buy Low, Sell High, Collect Early, and Pay Late*），一口氣把它看完。

我在努力學習當個更好、更有效率的主管的過程中，看過很多類似的書籍。我發現那些書幾乎都把管理講得很簡單，這種虛假的安慰並非好事。書裡多半充斥琅琅上口的短語，像是「勇於失敗！」或「跟隨人們，人們就會跟隨你！」或是「專注，專注，專注！」（很多人尤其愛用最後一個空虛的建議，聽者都會點頭表示同意，卻沒有意識到這會導致他們忽略更困難的問題：要專注什麼事。這個建議沒有告訴你如何找出專注的目標，或是如何投注精力，所以根本毫無意義。）這些口號聽起來就像結論，也許真的有它的道理，卻沒有提供任何線索，讓我知道該怎麼做，或是該專注些什麼。

皮克斯成立初期，我們必須找出和賈伯斯共事的方法。他追求成功的決心以及遠大的格局很能振奮人心，例如他堅持史密斯和我要在全美各地設立皮克斯影像電腦銷售辦事處，這是很大膽的舉動，我們一開始連想都不敢想。史密斯和我認為，沒錯，我們的產品很有吸引力，但是非常專業，也意味市場有限，但來自消費性電腦世界的賈伯斯卻督促我們超越界限。他的理由是，如果打算銷售產品，就要讓全國看到。史密斯和我一開始不知道如何下手，不過我們很感謝賈伯斯的遠見。

然而，伴隨而來的是不尋常的互動風格。賈伯斯時常不耐煩、鹵莽唐突。和客戶開會，只要發現對方缺乏準備或才能平庸，他就會毫不猶豫地一語道破，這對談生意或培養忠實客戶絲毫沒有幫助。他當時很年輕、衝勁十足，還沒有意識到自己對別人的影響。我們剛開始共事那幾年，他不了解「一般老百姓」——即非公司經營者或缺乏自信的人。他靠著語出驚人來衡量對方，像是說：「這些圖表狗屁不通！」或「這筆交易是垃圾！」然後觀察對方的反應。如果你有勇氣反駁，通常他會尊重你。刺激對方，然後觀察反應，是他用來了解你的想法、以及你有沒有勇氣捍衛自己想法的方式，就像海豚使用迴聲定位確定魚群方位、了解周遭環境。賈伯斯把極端的互動方式當成某種生物聲納。這是他衡量世界的方法。

日本製造業教我的事

擔任皮克斯總裁第一個任務是尋找優秀的人才，讓這些核心人員彌補我們的不足。如果想靠銷售硬體賺錢，就必須建立合適的製造、銷售、服務和市場行銷部門。我請教在矽谷創業的朋友，從利潤、價格、佣金到客戶關係，他們都慷慨提供建議，不過我從中得到最寶貴的教訓，是那些建議當中的缺陷。

第一個是很基本的問題：如何替電腦定價？昇陽電腦和視算科技的總裁告訴我，最好先把價格訂高一點。他們說，如果一開始訂出高價，你永遠可以降低價格；如果虛報低價，之後需要提高價格，只會讓顧客不高興。所以根據我們希望得到的利潤，我們決定每一台電腦的定價為十二萬兩千美元。真是大錯特錯。過沒多久，皮克斯影像電腦的名聲就是功能強大，但是過於昂貴。我們後來降低價格，但人們只記得我們售價過高的名聲，雖然想辦法糾正，第一印象還是深植人心。

那些經驗豐富的聰明人出於善意提供的定價建議，不僅錯誤，還讓我們沒能提出正確的問題。我們不應該討論降低售價是否比提高價格容易，而是應該解決更實際的問題，像是如何滿足客戶期望，以及如何繼續開發軟體，讓**真正買了**產品的客戶更能善用電腦。回想起來，當時我向這些經驗豐富的人求教，是針對複雜的問題尋求簡單的答案——你要這樣做、不要那樣做——根本原因是我不信任自己，同時新職務也帶給我很大的壓力。但是簡單的答案，像是「一開始定高一點」的價格建議，聽起來那麼合理，導致我注意力分散，沒有追問更重要的問題。

我們當時是電腦製造商，必須在短時間內了解如何生產電腦。就在此時，我得到很寶貴的經驗，而且來源是意想不到的日本製造業歷史。沒有人想到生產線會是個產生創意的地方。在那之前，我認為製造是和效率有關，而非靈感。但我發現日本人找到把製造產品變成一種吸引員工參與的創意行動，當時這種想法很極端、也違背直覺。而我確實從日本人身上學到許多有關建立創意環境的方法。

第二次世界大戰後，美國進入繁榮時期，日本卻必須重建基礎設施。經濟一直不見起色，製造環境不佳，商品品質低劣。我記得在一九五〇年代，一般人認為日本商品就等於劣質商品，甚至是垃圾（今天已經找不到類似的比較。如果你在標籤上看到「墨西哥製造」或「中國製造」，也完全無法和當時「日本製造」的負面含意相提並論）。相形之下，美國當時是由汽車業領軍的製造業大國。福特汽車率先實施流暢的生產線制度，那是以低廉價格大量生產的關鍵，徹底改變了製造過程。不久後，美國所有汽車製造商都採用類似做法，以輸送帶運送產品，直到組裝完成。節省的時間轉換為高額利潤，從家電、家具到電子產品，很多行業也開始跟隨福特的腳步。

大規模生產的口號變成：「無論如何都要保持生產線運作。」因為那是提高效率、降低成本的方法。浪費時間就等於浪費金錢。如果特定產品有了缺陷，就得馬上把它拉下來，但**生產線永遠要保持轉動**。你得仰賴品管人員確保產品其他部分沒有問題，階級至上，只有高層主管有權停止生產線。

不過一九四七年，一名在日本工作的美國人改變了這種想法，這個人叫做威廉．愛德華．戴明（W. Edwards Deming），他是統計學家兼品質控管專家。美國陸軍請他到亞洲協助規畫一九五一年的日本人口普查。他抵達之後，開始深入參與該國重建工作，最後把他的提高生產力理論傳授給許多日本工程師、管理人員和學者，其中一人是索尼（Sony）創辦人之一盛田昭夫，後來索尼運用他的理論得到豐碩的回報。大約同時，豐田汽車也以類似理論制定截然不同的生產模式。

後來出現一些詞彙形容這種革命性的方法，像是「即時生產」或「全面品質管理」，但是其中的本質是：找出問題和解決問題的責任應該分配給**每一名**員工，從最高階的主管到最低階的生產線員工。戴明認為，任何層級的人只要在生產過程發現問題，我們都應該鼓勵（和期待）他們停下生產線。日本企業進一步讓工人很容易做到這點，他們安裝一條線，只要任何人一拉，都能讓生產線停下。不久後，日本企業的品質、生產效率和市場占有率都到達前所未聞的水準。

戴明和豐田的方法是：**把產品品質的所有權和責任，交付給真正參與製造的人**。工人不再只是重複同樣的動作，而是可以提出建議、指出問題，以及我覺得最重要的，因為協助解決問題產生榮譽感。這會促使不斷進步、排除缺陷、提高品質。換句話說，日本生產線成為工人參與、強化產品的地方，最終改變了世界各地的製造業。

皮克斯草創初期，戴明就像一盞明燈，點亮我前方的路。不過有很長一段時間，許多美國商界領袖不了解戴明的智慧。並非他們拒絕接受戴明的想法，而是完全沒看到。因為太信任現有的系統，導致他們視而不見。畢竟他們已經稱霸了好一陣子，為什麼要改變做事的方式？

幾十年後，戴明的思想才在美國扎根。事實上，直到一九八〇年間，少數矽谷公司，像是惠普和蘋果，才開始納入他的想法。但是戴明的理論影響我極深，幫助我找出管理皮克斯的方法。豐田雖然是階級式組織，但是他們遵循民主的核心宗旨：你不用徵求同意，就能承擔責任。

幾年前豐田跌了一跤，由於不願承認他們的剎車系統出了問題，導致少見的嚴重後果。我記得當時覺得很震撼，像豐田那麼聰明的公司，卻做出和其最深層文化價值完全背道而馳的事。讓我們做出蠢事的力量顯然非常強大，即使在最好的環境都可能出現，而且我們往往看不見。

找到與賈伯斯共事的方法

一九八〇年代末，皮克斯成立初期，賈伯斯大部分時間，都花在建立他被迫離開蘋果之後創辦的個人電腦公司 NeXT。他一年只來皮克斯一次，我們每一次都要跟他說怎麼走，他才不會迷路。不過我經常去 NeXT，每隔幾週，我都會到賈伯斯在紅木城（Redwood City）的辦公室報告我們的進展。老實說我很不喜歡這些會議，每一次開會都讓我覺得沮喪。我們雖然很努力，但依然需要賈伯斯的資助才能維持營運。他經常在資助時加入條件，這雖然能夠理解，但也把情況弄得更複雜，因為他附加的條件，無論是關於行銷或設計新產品，都不一定符合我們的現實情況。我記得那時我一直在尋找讓皮克斯轉虧為盈的商業模式，總是滿懷希望，覺得下一個嘗試的方法會成功。

皮克斯成立初期，我們經歷了幾次勝利：拉薩特執導的短片《頑皮跳跳燈》（*Luxo Jr.*），主角檯燈也就是現在皮克斯的標誌，獲得一九八七年奧斯卡獎提名；隔年，關於一個發條玩具兵和喜歡折磨它的流口水寶寶的短片《小錫兵》（*Tin Toy*）替皮克斯贏得第一座奧斯卡獎。但我們基本上都在燒錢，這顯然讓我們和賈伯斯的關係更緊張。我們覺得他不了解我們需要什麼，他覺得我們不知道如何經營企業。雙方都沒錯，賈伯斯有充分的理由擔心。皮克斯最低潮時，我們一直在努力，卻無法賺錢，而賈伯斯已經在皮克斯投入五千四百萬美元。那是他資產的很大一部分，遠遠超越任何創投公司願意考慮的金額，尤其是我們的資產負債表實在很不好看。

皮克斯深陷赤字的原因，是最初的銷售熱潮幾乎瞬間消失，我們一共只賣出三百台皮克斯影像電腦，而我們的規模不夠大，無法在短時間內設計出新產品。我們的員工超過七十人，基本開銷幾乎把資金消耗殆盡。隨著赤字愈來愈高，皮克斯顯然只剩一條路可走：放棄銷售硬體。歷經百般嘗試之後，我們必須面對事實，我們沒辦法靠著銷售硬體維持營運。我們就像停在融化浮冰邊緣的探險家，必須跳到更穩固的地面。當然，我們不可能知道我們落下的下一處地面能否支撐我們的重量。唯一讓跳躍變得較容易的，是我們決定把全部心力放在我們一開始就渴望進入的領域：電腦動畫。那才是我們真正的熱情所在，我們要孤注一擲。

一九九〇年開始，大約是我們搬到位於柏克萊北邊的里奇蒙角（Point Richmond）倉庫區的混凝土大樓那段時間，我們開始全心投入創意工作，替彩登特（Trident）口香糖和純品康納柳橙汁製作動畫廣告，並幾乎馬上就因具創意的內容獲獎，同時我們也繼續磨練技術和說故事的技巧。問題是，公司依舊入不敷出，一九九一年，我們裁撤了超過三分之一的員工。

一九八七年到一九九一年之間，賈伯斯忍無可忍，三度試圖賣掉皮克斯，然而他從來沒辦法真正割捨掉我們。微軟提議以九千萬美元買下我們，他沒有接受。賈伯斯想要一億兩千萬美元，他認為微軟的提議不只是侮辱，更證明他們不值得擁有我們。同樣的事情發生在工業與汽車軟體設計公司艾利亞斯（Alias）以及視算科技。賈伯斯向有興趣的買家開出很高的金額，而且寸步不讓。我漸漸認為他尋求的其實不是退場策略，而是外部驗證。他的理由是，如果微軟願意開出九千萬美元，那一定值得留下我們。不過他這個舉動讓我很難受，也有很深的無力感。

沒有賈伯斯，皮克斯不可能存活，但是那些年，我不止一次懷疑，有賈伯斯在，我們能不能生存。賈伯斯傑出能幹、鼓舞人心，能夠深入分析我們遇到的任何問題。但是他也很難相處，他瞧不起別人、自視甚高，還會威脅、甚至霸凌別人。從管理的角度來看，最令人擔憂的也許是他缺乏同理心。當時他根本無法從別人的角度看事情，完全沒有幽默感。在皮克斯，我們向來有很多愛開玩笑的人，我們相信工作就是要開心，但賈伯斯完全不懂我們的玩笑。他開會向來不讓其他人發言，總是一個人滔滔不絕、長篇大論。有一次，我們準備和迪士尼高層開會，他提醒我們千萬要「聆聽，不要說話」，因為實在太諷刺，我忍不住說：「好的，我會盡量克制。」在場每個人都笑了，但是他沒有露出一絲笑容。我們走進會議室之後，賈伯斯整整一個小時都是場內的焦點，幾乎沒讓迪士尼的人說完一句話。

這時，我和賈伯斯相處的時間已經夠久，知道他不是天性不敏感，只是他還沒有想出如何讓大家看到那一面。有一次，他在盛怒之下打電話給我，說他拒絕發放薪資，我也氣得回電給他，警告他不能這樣做，他的態度才軟化。這可能是我職業生涯中唯一一次氣到用力摔門。即使後來皮克斯增值一倍，賈伯斯還是說我們一文不值。我愈來愈疲倦，甚至考慮辭職。

不過，在經歷這些試煉時，一件有趣的事發生了。賈伯斯和我漸漸找到共事的方法，也慢慢了解對方。還記得賈伯斯買下皮克斯之前，我問他如果有人和他意見相左，他會怎麼辦。他當時的回答自私到可笑的地步，他說他會繼續解釋他為什麼是對的，直到對方明白為止。諷刺的是，這很快變成我用在賈伯斯身上的伎倆。如果意見分歧，我會說明我的理由，但因為賈伯斯腦袋轉得比較快，他經常駁倒我的論點，所以我會花一個星期整理想法，然後再去跟他解釋一遍，他可能再次駁斥我的觀點，但是我會繼續回去解釋，直到以下三種情況之一發生：第一，他會說：「哦，好吧，我明白了。」然後給我我要的東西；第二，我發現他是對的，便停止向他遊說；或是第三，我們的爭辯沒有結論，遇到這種情況，我會直接按照我的想法去做。如果出現第三種情況，賈伯斯從來沒有質疑過我。他雖然堅持己見，卻也尊重熱情。他似乎認為如果我那麼相信一件事，那件事就不會完全是錯的。

不容失敗的《玩具總動員》

在位於伯班克的迪士尼製片廠的迪士尼行政大樓裡，電影部門的負責人傑佛瑞・卡森柏格（Jeffrey Katzenberg）坐在會議室的深色長木桌尾端，帶著某種程度的求愛口吻說：「這裡最有才華的人顯然是約翰・拉薩特。」賈伯斯與我和拉薩特坐在那裡，努力克制內心的不悅。他繼續說：「約翰，既然你不來替我工作，我只得用這種辦法。」

卡森柏格希望皮克斯製作一部電影長片，讓迪士尼保留所有權和經銷權。

他的提議雖然令我們吃驚，但不是完全沒有根據。皮克斯成立初期，我們就和迪士尼簽約，替他們設計名為電腦動畫製作系統（Computer Animation Production System，簡稱 CAPS）的製圖程式，可以管理動畫的透明片（cels），並替透明片上色。當時迪士尼正在製作一九八九年非常賣座的《小美人魚》，該片啟動了第二個動畫黃金時代，接連製作了《美女與野獸》、《阿拉丁》和《獅子王》，這些電影的成功鼓勵迪士尼動畫尋找合作夥伴，增加電影長片的產出量。而由於和我們一向合作愉快，他們便找上了我們。

要和迪士尼簽約，就表示要接受卡森柏格提出的條件，他是出了名的詭計多端、姿態強硬的談判人。賈伯斯搶下主導權，拒絕接受卡森柏格的邏輯：既然迪士尼投資皮克斯的第一部電影，所以也理應擁有我們的技術。賈伯斯說：「你們給我們的錢是要**製作**電影，不是買走我們的商業機密。」迪士尼提供行銷和經銷的力量，我們則是提供技術的創新，而那是非賣品。賈伯斯把這點當作底線，相當堅持，最後卡森柏格終於同意。遇到這種高風險的狀況，賈伯斯似乎總能進入另一種層次。

一九九一年，我們和迪士尼談成三部電影的協議，根據合約，迪士尼要提供皮克斯製作電影的大部分資金，迪士尼擁有經銷和所有權。我們彷彿花了一輩子才走到這一步，從某方面來說也確實如此。雖然皮克斯才成立五年，我編織製作電腦動畫電影的夢想卻已經有二十年。我們再次踏上未知的旅程。我們沒有製作電影的經驗，只做過五分鐘不到的短片，而且是用電腦動畫，所以沒有人可以幫我們。我們知道這項計畫牽涉數百萬美元的資金，而且如果搞砸了，不會有第二次機會。我們必須盡快找出方法。

還好拉薩特已經有了點子，《玩具總動員》是關於一群玩具和一個名叫安弟的男孩，男孩很愛他的玩具。故事的特別之處在於是從玩具的角度陳述。接下來幾個月，故事情節一再轉變，最後決定把重心放在安弟最喜歡的玩具：牛仔胡迪。名叫巴斯光年的太空騎警出現後，成為安弟的新歡，胡迪的世界也天翻地覆。拉薩特向迪士尼介紹基本概念，經過許多修改之後，他們在一九九三年一月通過劇本。

此時拉薩特已經開始組織團隊，他的周圍環繞著許多才華洋溢、很有企圖心的年輕人。皮克斯製作廣告的那段期間，他就聘請了史坦頓和彼得．道格特（Pete Docter），兩人後來都成為很優秀的導演。史坦頓會為了捍衛自己的理念而跟人爭得面紅耳赤，他是編劇兼導演，很了解故事結構，也喜歡拆解情節，找出最根本的情感，然後從頭開始打造。道格特是才華洋溢的繪圖專家，擅長捕捉情緒。一九九二年秋天，拉薩特在迪士尼的同事喬．蘭夫特（Joe Ranft）也加入皮克斯，他剛結束提姆．波頓（Tim Burton）《聖誕夜驚魂》（*The Nightmare Before Christmas*）的工作。蘭夫特的身材像頭熊，幽默風趣，給人溫暖的感覺，這讓其他人更容易接受他的批評。我們的團隊陣容堅強，但是缺乏經驗。你可能聽過一句格言：「跳下飛機前，最好先把降落傘裝好。」我們的情況比較像是人已經在半空中，卻沒有一個人組裝過降落傘。

第一年，拉薩特和他的團隊製作出分鏡腳本，飛到迪士尼總部，聽取卡森柏格和兩名迪士尼高層主管彼得・史耐德（Peter Schneider）和湯姆・舒馬赫（Tom Schumacher）的建議。卡森柏格不停要求「更有個性」，他覺得胡迪太活潑熱心。他們的建議不一定符合我們對故事的感覺，但我們是新手，所以很重視他的意見。漸漸地，在短短幾個月內，胡迪從原本想像中的友善隨和，變得陰沉刻薄，完全不討喜。嫉妒的胡迪為了洩憤，把巴斯光年丟到窗外，他對其他玩具呼來喚去，給他們取難聽的綽號，簡言之，他變成討人厭的混蛋。一九九三年十一月十九日，我們帶著故事的動態腳本（story reel，粗略錄製暫時的對白和音效，製成像連環漫畫的影片）到迪士尼，給他們看有個性的新胡迪。那一天是皮克斯的「黑色星期五」，因為迪士尼的反應很合理，他們決定中止製作，直到我們寫出可以接受的劇本。

那種感覺很可怕，我們第一部電影突然得接上呼吸器，拉薩特馬上召集史坦頓、道格特和蘭夫特。接下來幾個月，他們幾乎所有清醒的時間都在努力重新找回電影的重心，也就是拉薩特最初設想的：希望有人愛的玩具牛仔。他們也學到重要的一課，要相信自己說故事的直覺。

歷經波折、完成《玩具總動員》的同時，我們在盧卡斯影業開發的技術，也開始對好萊塢產生顯著影響。一九九一年，兩部最賣座的電影《美女與野獸》和《魔鬼終結者2》，很大程度是依賴皮克斯開發的技術，好萊塢開始關注這個領域。到了一九九三年，《侏羅紀公園》上映，以電腦製作的特效已經不再被當成無趣的附加實驗，而是製作主流電影的工具。伴隨著特效、清晰的音質和影片剪輯能力的數位革命已翩然降臨。

留意問題不代表能發現問題

拉薩特曾說，賈伯斯的故事就像經典的英雄旅程：他因為傲慢，被自己一手創立的公司放逐，在曠野中遊蕩，歷經一連串冒險，最後變成更好的人。關於賈伯斯的轉變和皮克斯在其中扮演的角色有很多故事可講，不過簡單說來，挫折讓他變得更有智慧、更寬容。最初九年的失敗和挑戰都讓我們變得更謙虛，我們也從中學習。在困境中相互支持，也讓我們更信任彼此、關係更緊密。

當然，有一件事絕對不會改變，就是賈伯斯隨時可能朝我們扔出變化球。《玩具總動員》即將上映時，賈伯斯心中顯然有更遠大的目標。他相信這部電影會改變整個動畫領域，而且，在這之前，他要讓皮克斯上市。

拉薩特和我告訴賈伯斯：「那不是好主意，我們應該先製作幾部影片，才能增加我們的價值。」

賈伯斯不同意，他說：「這就是我們發光發亮的時刻。」

他進一步解釋他的邏輯：假設《玩具總動員》很成功，不對，假設《玩具總動員》**非常**成功，到時候迪士尼的執行長邁克·艾斯納（Michael Eisner）會意識到自己創造出最可怕的噩夢：

迪士尼的競爭對手（根據合約，我們只要再替迪士尼製作兩部電影，就可以自行發展）。賈伯斯預測，《玩具總動員》一推出，艾斯納會設法和我們重新談判，要我們繼續和他們合作。遇到這種情況，賈伯斯說，他希望爭取更有利的條件，也就是和迪士尼平分利潤，這個要求也符合道德標準。然而，要履行這些條件，我們必須能夠拿出一半的製作預算，那會是一大筆錢，要做到這點，我們就必須上市。

就跟往常一樣，他說得很有道理。

不久後，我開始和賈伯斯穿梭全美各地，展開我們所謂的「馬戲表演」，想辦法吸引對皮克斯首次公開募股感興趣的投資人。我們拜訪不同的投資公司，賈伯斯很罕見地穿起西裝、打領帶，要求對方事先提供保證和承諾，我則是扮演教授角色。賈伯斯堅持要我穿手肘有補丁的粗花呢外套，呈現出「科技天才」的形象。不過坦白說，我不認識任何電腦科學領域的人穿成這樣。賈伯斯負責推銷，火力全開。他說，皮克斯是前所未見的電影工作室，以最先進的科技和原創故事為基礎，我們會在《玩具總動員》上映一週後上市，到時候沒有人會質疑皮克斯是不是認真的。

事實證明賈伯斯想的沒錯，我們的第一部電影打破票房紀錄，所有夢想似乎即將實現，我們替公司籌募到將近一億四千萬美元，是一九九五年規模最大的首次公開募股。幾個月後，如同設計好似的，艾斯納打電話來，說他希望和我們繼續合作。他接受賈伯斯平分利潤的提議。我很驚訝，一切都被賈伯斯料中。他清楚的頭腦和執行力實在驚人。

對我來說，這一刻是追求夢想漫漫長路的巔峰，幾乎無法相信真的發生了。我花了二十年發明新的技術工具、協助成立一間公司，並努力讓公司各個層面運作順暢，一切都是為了一個目標：製作電腦動畫電影。而現在，我們不僅做到，而且感謝賈伯斯，我們的財務達到前所未有的穩定狀態。公司成立以來第一次，我們不用擔心自己可能失業。

《玩具總動員》剛上映那幾天，我去上班時幾乎都樂得暈頭轉向。同事走起路來也好像頭抬得特別高，深以皮克斯的成就為榮。我們率先用電腦製作出電影，更棒的是故事還深深打動觀眾。大家工作的時候——我們有很多事要做，包括製作更多電影，以及敲定和迪士尼的協議——所有互動都帶著光榮和成就感。我們因為恪守理念而成功，這是最棒的感覺。皮克斯的核心團隊：拉薩特、史坦頓、道格特，以及一九九四年加入皮克斯的《玩具總動員》剪輯師李・安克里奇（Lee Unkrich），馬上開始製作關於昆蟲世界的電影《蟲蟲危機》，空氣中彌漫著興奮感。

不過，我雖然能**感受**到那種興奮，卻無法參與其中。

二十年來，我人生的意義就是製作出第一部電腦動畫電影，現在這個目標達成了，我只感到空虛、迷惘。我身為主管，缺乏目標讓我深感不安。**現在要做什麼？**取而代之的目標似乎是管理一間公司，雖然足以讓我忙碌不堪，卻一點也不**特別**。皮克斯已經上市，也很成功，光是維持公司運作無法讓我感到滿足。

後來，一個出乎意料的大問題，讓我有了新的使命感。

我提過很多成功公司的領導人會做出蠢事，是因為他們沒有留意到問題，《玩具總動員》製作過程中，我發現我完全沒看到一個很具破壞力的問題。即使我**以為**自己已經很留意了，卻依然沒有發現。

電影製作過程中，我認為我的任務，基本上是留意可能導致我們偏離目標的內外力量。我決心不讓皮克斯犯下其他矽谷公司犯的錯。為此，我刻意讓員工很容易找到我，時常晃到同事辦公室，了解情況。拉薩特和我努力確保皮克斯所有人都能夠自在地說出內心想法，所有工作、員工都受到尊重。我真心相信公司所有層級的人都必須自我評估和做出建設性的批評，而且我盡最大能力說到做到。

但是當我們要召集團隊來製作《蟲蟲危機》，打算找《玩具總動員》的核心人員來幫忙時，才發現我們完全沒注意到創意和製作部門出現的嚴重裂痕。簡單地說，製作部主管告訴我，製作《玩具總動員》是一場噩夢，他們感到不受尊重、被排擠，像是二等公民。雖然他們對《玩具總動員》的成功感到欣慰，卻不願意在皮克斯製作另一部電影。

我很震驚，我們怎麼沒發現這個問題？

答案（至少有一部分）源自於製作部主管在製作過程中扮演的角色，他們要追蹤數不清的細節，確保影片按時完成，同時不能超出預算。他們監測劇組的整體進度、記錄成千上萬的鏡頭、評估資源的使用方式，還要說服、勸誘、促成，以及在必要時說不。換句話說，對於必須仰賴在期限內完成工作、且預算不能超支才能成功的公司來說，他們的工作相當重要，即管理人力並守護整個過程。

皮克斯最讓我們引以為榮的，就是確保藝術家和技術人員平起平坐，我以為製作人員也會得到同樣的尊重，然而事實並非如此。我詢問藝術家和技術人員，他們果然認為製作部主管是次等的，覺得這些人阻礙電影製作，過度掌控製作過程、過度管理。他們告訴我，製作部主管是齒輪上的沙礫。

我很驚訝自己居然完全沒有察覺到這種情況。我一直敞開大門，以為這樣就能確保自己不會在狀況外，至少能夠察覺類似的緊張氣氛。製作《玩具總動員》的五年當中，沒有一名製作部主管來向我表達不滿或提出建議。這是為什麼？我費了一番功夫才發現問題所在。

首先，因為我們製作《玩具總動員》時毫無頭緒，只好從洛杉磯找來經驗豐富的製作主管協助。他們認為那是暫時的工作，我們不會歡迎他們的投訴。在傳統好萊塢電影的製作環境中，接案工作者一起製作電影，並肩工作幾個月，然後就各自散去。抱怨往往害你失去未來的工作機會，所以他們閉上嘴巴，等到我們要求他們繼續留在皮克斯後，才出聲表示反對。

其次，儘管感到挫折，這些製作主管仍覺得自己在創造歷史，而且拉薩特是十分擅長啟發人心的領導人，《玩具總動員》是很有意義的計畫，他們因為太喜歡這份工作，所以忍了下來。這給了我一份啟示：**好事往往會掩蓋壞事**。我必須特別留意這一點：壞處經常與好處並存，當這種情況發生，很多人不願探究自己為什麼覺得不對勁，是因為生怕被標記成愛抱怨的人。我也意識到，這種事如果放任不管，可能會殘害並摧毀皮克斯。

這個發現讓我很興奮，我發現留意問題和**看見**問題並不相同。這個概念和挑戰，讓我找到新的使命。

思考並回應問題的行動，能為公司注入活力

雖然現在明白**為什麼**沒發現這個問題，我們仍要了解他們為什麼不高興。為此，我開始探頭到同事的辦公室，拉來一把椅子，問他們覺得皮克斯哪裡做得好、哪裡該改進。我刻意讓談話延伸，不去問具體的抱怨事項。一點一滴，透過交談，我漸漸明白我們是如何陷入這種困境。

《玩具總動員》是很大的賭注，而且製作電影非常複雜，我們的製作部主管在控制過程時感受到巨大壓力，所以除了預算和時間表，他們也希望控制訊息的流通。他們相信，如果每個人都可以任意向任何人提出問題，整個計畫可能失控。所以，為了讓事情不偏離軌道，他們從一開始就讓大家知道，如果你有話想說，必須透過直屬上司，例如，如果動畫師想和建模師溝通，就必須經過「適當的管道」。藝術家和技術人員認為這種「所有事都要經過我」的心態很煩人，是蓄意的阻撓，我則認為那是本意良善的過度管理。

由於製作電影牽涉到好幾百人，一定要有指揮系統。但是在這件事情上，我們的錯誤是把溝通架構和組織架構混為一談。動畫師當然應該能直接和建模師溝通，不用先向上司報備。因此我們把公司員工都找來，跟他們說：以後任何人都能在任何時間和任何人溝通，無論層級為何，不必擔心受到譴責。溝通再也不用透過階級管道。訊息交換在我們這個行業當然很重要，但同事要能超越階級、相互溝通，不會因此心生不滿。有事情就直接討論，之後再讓主管知道，效率會更好，不需要確保每一次都按照「正確」程序、透過「適當」管道進行。

改善不會一夕之間發生，但是我們完成《蟲蟲危機》時，製作部主管已不再被視為阻礙創意的人，而是地位相當的同事。我們因此變得更好。

這本身就是一大成就，但還有另一個意想不到的好處：我們思考問題、回應問題的行動，帶來很大的成就感，也替公司注入活力。我們的目標不僅是建立一間製作賣座電影的工作室，也要培養有創意、不斷發問的文化。要問的問題包括：如果我們做對某些事，獲得成功，如何確保我們知道那是什麼事？我們能否把成功的經驗複製到接下來的計畫中？複製成功是正確的做法嗎？有多少潛在的嚴重問題，隱藏在我們的視線之外，可能會毀掉我們？我們能否想辦法找出這些問題？我們的成功有多少是憑藉運氣？如果繼續成功，我們會不會自我膨脹到對自己造成傷害？如果發生這種狀況，如何解決過度自信的問題？我們不再是苦苦掙扎的新創公司，有愈來愈多新人加入，這會如何改變公司的特性？

多年前我被科學吸引，是因為我想理解世界。人際關係當然比相對論或弦理論複雜許多，但是我也因此覺得它更有趣、更重要；人與人的互動不斷挑戰我的預設。製作更多電影之後，我發現我誤解了皮克斯為什麼以及如何成功，但有一件事是再清楚不過了：建立永續發展的創意文化不是單一的任務，我們不能只是口頭上說說，而是要真正**採取行動**展現誠實、精益求精、溝通、原創和自我評估的重要，無論有多困難。這是日復一日的全職工作，也是我想做的事。

在我看來，我們的任務是培養一種文化，努力維持清晰的視線，雖然一定有看不見的問題。我希望皮克斯的創始成員離開之後，這種文化依然能夠延續，讓皮克斯不但能繼續製作賺錢的原創電影，也能對世界有正面的貢獻。這個目標聽起來也許過於崇高，但是我們從一開始就秉持這個目標。我們很幸運，有一群重視改變、冒險的優秀員工，願意重新思考我們的創作方式。如何幫助他們發揮所長、讓他們開心，同時不讓合作過程中必然存在的複雜問題破壞我們的成就？這是我交付給自己的工作，也是至今仍令我保持活力的任務。

| 第 4 章 |

建立皮克斯的特色

《玩具總動員》製作完成之後，我們整理出兩個重要的創意原則，它們時常在開會時重複出現。這兩個原則成為我們的信念，引導我們走過《玩具總動員》嚴酷的考驗，以及《蟲蟲危機》的早期階段，因此我們也從中得到很大的慰藉。

第一個原則是「故事至上」，意思是不讓任何因素影響我們的故事，無論是技術或商業考量。影評提到《玩具總動員》，多半把重點放在電影的**情感**層面，而不是皮克斯的電腦技術有多神奇，這讓我們覺得很光榮，也相信這是把故事當作指引明燈的成果。

另一個原則是「信任過程」。我們喜歡這個原則，是因為它非常令人安心：創意工作十分複雜，過程中難免會遇到困難或挫折，但是你可以相信「過程」能帶領你通過難關。這個原則聽起來也許和其他樂觀的格言沒什麼兩樣（像是「堅持下去！」），不同之處在於我們的過程和其他電影公司很不一樣，我們覺得它有著真實的力量。皮克斯給予藝術家很大的空間，把掌控權交給導演，並信任同事解決問題的能力。我向來不太喜歡格言或規則，因為那種東西往往變成陳腔濫調，反而阻礙思考，但是這兩個原則對我們真的很有幫助。

這是好事，因為我們不久後就需要很多協助。

《玩具總動員2》的危機

一九九七年，迪士尼高層主管問我們能不能直接發行《玩具總動員2》錄影帶，意思就是不要在電影院上映。他們的提議不是沒有道理，迪士尼唯一有在電影院推出的動畫片續集，是一九九〇年代的《救難小英雄：澳洲歷險記》（*The Rescuers Down Under*），票房慘淡。後來幾年，直接發行錄影帶的市場利潤可觀，所以迪士尼提議《玩具總動員2》只發行錄影帶這種藝術門檻較低的小眾產品，我們同意了。雖然大部分直接發行錄影帶的續集製作品質都不佳，但我們認為我們可以做得更好。

我們很快就發現自己犯了大錯，這個計畫違背皮克斯的理念，我們不知道如何降低標準。理論上，我們不反對直接發行錄影帶的模式，迪士尼就是這樣做，也因此賺了很多錢，我們只是找不到不犧牲品質的製作方法。而且降低期望、製作直接發行錄影帶的作品，對皮克斯的文化產生了負面影響，因為那形成了A隊（《蟲蟲危機》）和B隊（《玩具總動員2》），被分派到《玩具總動員2》的人不想製作B級作品——很多人到我的辦公室這麼對我說。我不能忽視他們的熱情。

計畫展開幾個月後，我們要求和迪士尼主管開會，讓他們知道直接發行錄影帶的模式在皮克斯行不通，這不是皮克斯的做事方式。我們建議讓《玩具總動員2》在戲院上映，出乎意料，他們爽快答應了。突然間，我們同時要製作兩部很有企圖心的電影，雖然感覺有些可怕，但是也再次肯定我們的核心價值。我們召募更多員工，以堅持品質為榮。我相信這樣的決定能夠確保皮克斯未來的成功。

不過，因為錯誤的假設，我們製作《玩具總動員2》時遇到一連串挫折。我們認為這「只是」續集，不會像製作第一集那樣困難，而由於帶領《玩具總動員》的創意團隊在專心製作《蟲蟲危機》，我們便找來兩名從來沒擔任過導演的優秀動畫師執導《玩具總動員2》。我們認為缺乏經驗的導演，如果有經驗豐富的團隊支持，就能輕鬆複製第一部電影的成功經驗。而且拉薩特和《玩具總動員》的原始團隊已經勾勒出《玩具總動員2》的劇情大綱：安弟一不小心，讓玩具收藏家在庭院拍賣會買走胡迪，收藏家為了保存玩具價值，把玩具上鎖，準備賣到日本的博物館。觀眾已經認識電影角色、故事大綱制定完成、技術人員經驗豐富，我們對電影製作過程也有更全面的了解，一切應該不會有問題。

但我們錯了。

一年後，我開始發現問題的徵兆，主要是導演不斷要求更多「拉薩特的時間」，想徵詢他的意見。這點十分令人擔憂，代表《玩具總動員2》的導演雖然很有才華，卻缺乏自信，而且團隊的向心力不足。

然後是「動態腳本」的問題。皮克斯的導演每幾個月會聚在一起播放電影的動態腳本，把圖片剪接在一起，搭配暫時的音樂和對白。第一版的動態腳本通常很粗略，無論製作團隊有多優秀，都一定凌亂、有缺陷，但那是唯一知道必須修改哪些部分的方法，你無法從早期的動態腳本判斷團隊好壞。然而，動態腳本應該愈來愈好。在這個案子裡，動態腳本始終沒有變好，幾個月過去後還是很糟。有些人開始擔心，我們向拉薩特和原始的《玩具總動員》創意團隊傳達憂慮，他們建議再多給新導演一些時間，要信任過程。

一九九八年感恩節週末，《蟲蟲危機》上映之後，拉薩特終於有時間坐下來認真看《玩具總動員2》導演製作的東西。他走進放映室看動態腳本，幾小時後，直接走進我的辦公室，關上門，說那是「災難」——故事空洞，沒有新意和張力，該好笑的地方不好笑。我們告訴迪士尼不願製作次級產品，現在我們是不是就在做次級的東西？我們絕對不能繼續製作這種電影，這是嚴重的危機。

想到補救計畫之前，和迪士尼開會的日期迫在眉睫，那是之前就安排好的試映會，要讓迪士尼主管了解《玩具總動員2》的製作情況。十二月，經常擔任拉薩特得力助手的史坦頓拿著有嚴重缺陷的版本南下伯班克。一群主管聚集在試映室，燈光調暗，史坦頓咬緊牙關坐在那裡，等待放映結束。燈亮之後，他馬上說：「我們知道電影需要大幅度修改，我們還在想辦法。」

出乎他的意料，迪士尼主管不同意，他們認為電影已經夠好了，而且也沒有時間大幅度修改，**這只是續集**。史坦頓禮貌但堅定地說：「我們要重做。」

回到皮克斯，拉薩特要大家趁著年假好好休息，因為從一月二日開始，我們得重新製作這部電影，而且需要所有人同心協力，才能扶正這艘船。

但是我們首先必須做出困難的決定，要拯救這部電影，顯然得從上位者改變。我第一次不得不撤換導演。這絕對不容易，拉薩特和我都不想告訴他們拉薩特要接管《玩具總動員2》的消息，但是非得這樣做不行。我們不能告訴迪士尼，為了堅持品質，要讓電影在戲院上映，卻拿出水準不夠的東西。

導演們很震驚，我們也很難過。這是我們的錯，我們不該把責任交給還沒準備好的人，造成他們的痛苦。我們漏掉了什麼？是什麼因素，導致我們得出錯誤的結論？為什麼看到那麼多證據顯示電影出了問題，卻沒有及早介入？這是第一次，我們把責任交給別人，認為他們可以做到，後來才發現他們做不到，我想知道為什麼。我一邊琢磨這些問題，一邊面對不斷逼近的期限，只剩九個月就要交出電影，時間根本不夠，即使最有經驗的團隊都很難達成，但是我們決心要做到，我們不可能不盡全力做到好。

第一個任務是修改劇本。《玩具總動員》製作時自然組成了一群人，這個任務就是交由他們負責，我們後來稱這群人為「智囊團」（Braintrust），他們通力合作，分析有問題的場景。我會在下一章詳細解釋智囊團的運作方式。不過這個團隊最重要的特色是：能夠分析電影的情感張力，而且不帶任何個人情緒或戒心。這個團隊並非刻意成立，卻對皮克斯有莫大幫助。團隊後來逐漸擴展，不過此時只有五名成員：拉薩特、史坦頓、道格特、蘭夫特和安克里奇。安克里奇是優秀的剪輯師，來自俄亥俄州鎮名像是出自於皮克斯動畫的小鎮：懊惱瀑布（Chagrin Falls）。安克里奇在一九九四年加入皮克斯，很快因為善於掌控時間而出名。拉薩特找他擔任《玩具總動員2》的共同導演。接下來九個月是我們經歷過最緊湊的製作過程，這個嚴酷的考驗也鍛鍊出皮克斯真正的特色。

皮克斯的特色：完成不可能的任務

拉薩特的團隊開始動工，我則思考嚴峻的現實——這樣的任務好比心臟移植。距離《玩具總動員2》上映只剩不到一年，要準時完工會把員工推到極限，我們必然得為此付出代價。但是接受平庸的作品，只會造成更具毀滅性的後果。

電影最根本的問題在於故事缺乏新意和情緒張力。故事發生在《玩具總動員》之後大約三年，重點在於胡迪是否會選擇逃離舒適、受到保護，但與世隔絕的「收藏品」生活，他是否會想辦法回到原來主人安弟的家？電影如果要成功，必須讓觀眾相信胡迪真的難以抉擇。他要回到安弟有一天會長大、可能把他丟掉的地方，還是留在安全、但是沒有人愛的世界。因為觀眾知道電影是由皮克斯和迪士尼聯手製作，故事必定有圓滿的結局，代表胡迪會選擇回去和安弟團聚。但是我們必須讓觀眾感同身受，也就是要有戲劇張力。

電影一開始，胡迪準備和安弟一起參加牛仔夏令營，但是胡迪的手臂壞掉，所以安弟沒有帶他去，安弟的媽媽把胡迪收到架子上。在這裡，智囊團提出兩個關鍵的改變：他們增加企鵝吱吱的角色。企鵝吱吱告訴胡迪，因為會發出叫聲的裝置壞掉，它被擺在架子上好幾個月。透過企鵝吱吱提出的想法是，無論主人有多珍惜，玩具壞掉之後，很可能永遠被打入冷宮、扔在一旁。故事的情感張力就此建立。

智囊團提出的第二個建議是強化翠絲的故事，女牛仔翠絲很愛小女主人，就像胡迪愛安弟一樣，可是小女孩長大後拋棄了她。翠絲讓胡迪知道，無論你有多希望或多在乎，總有一天，安弟會放棄孩子氣的東西。電影在這裡使用蒙太奇的拼貼剪輯手法，配上莎拉．麥克勞克蘭（Sarah McLachlan）演唱的〈當她愛我時〉（When She Loved Me），讓翠絲泣訴她的故事。翠絲接續企鵝吱吱開啟的主題，她和胡迪活潑的互動，也讓這個原本較為含蓄的主題得以被公開討論。

加上企鵝吱吱和翠絲之後，胡迪更難做決定了：他要留在他愛的人身邊，知道自己最終會被拋棄，還是到另一個世界，在那裡永遠被照顧得好好的，但是沒有愛。這是真正的兩難、真正的問題，創意團隊的說法是：你會選擇永遠活著，但是沒有愛嗎？如果能讓觀眾感受到抉擇的痛苦，電影就能成功。

胡迪最後選擇了安弟，他做這個決定時，知道自己以後一定會傷心。他告訴礦工邋遢彼得：「我不能阻止安弟長大，但是我絕對不要錯過。」

重新構思故事之後，一天早上，全公司聚集在里奇蒙角倉庫對面的跳蛙鎮大樓（Frogtown，原址曾是沼澤）的餐廳。拉薩特走到最前面，向同事介紹更具情緒張力的《玩具總動員2》。說完之後，所有人都在鼓掌。在另一場製作團隊會議，賈伯斯也表示肯定，他說：「迪士尼不認為我們可以做到，所以，讓我們證明他們錯了。」

繁重的工作接著展開。

接下來六個月，我們的員工時常見不到家人，一個星期七天、每天都工作到深夜。儘管已經推出兩部賣座電影，我們還是想證明些什麼，每個人都全力以赴。只剩幾個月，工作人員筋疲力盡、神經緊繃。

六月的一個早上，一名過度疲勞的藝術家把寶寶放在後座，開車上班，打算順道把寶寶載到托兒所。過了一段時間，他也工作了好幾個小時，他的妻子（也是皮克斯員工）問他送寶寶到托兒所的情況，他才驚覺自己把小孩留在炎熱的皮克斯停車場。他們衝出去，發現寶寶已經昏迷，馬上用冷水淋在他身上。幸好寶寶沒有大礙，但是我永遠忘不了這一刻的恐懼。我們不能要求員工付出這麼多，即使他們願意。我知道過程會很辛苦，但是我們已經瀕臨崩潰。電影製作完成後，有三分之一的工作人員出現重複施力傷害[3]的症狀。

最後，我們趕在期限前完成，推出第三部電影。電影很賣座，影評讚不絕口，說《玩具總動員2》是少數比第一集好看的續集，總票房超過五億美元。我們雖然心力交瘁，卻有經歷千辛萬苦、終於完成重要任務的成就感，這種任務定義了後來的皮克斯。

就像安克里奇說的：「我們做到不可能做到的事，完成每個人都說不可能完成的任務，而且還做得很棒，這是讓我們繼續燃燒的動力。」

重點是人，而不是點子

《玩具總動員2》的製作過程提供皮克斯幾個重要的教訓。電影的故事主線——胡迪要留下還是離開——在智囊團修改前後都一樣，但是其中一個版本不成功，另一個卻很感人，為什麼？因為才華洋溢的說故事人找到讓觀眾在乎的方法。我因此發現，如果把好點子交給平庸的團隊，他們很可能搞砸；但是把平庸的點子交給優秀的團隊，他們會加以修改，或將之拋棄，另外想出更好的點子。

這個教訓很重要：想到對的點子之前一定要先找到對的團隊。雇用有才華的人說來容易，大家都這麼做，但是這些人的互動才是真正的關鍵。即使最聰明的人，如果是錯誤的結合，也可能組成毫無效率的團隊，所以我們要把重點放在團隊表現，而非個人的表現。好的團隊要把能夠互補的人組合在一起，這個重要的原則似乎顯而易見，但是，根據我的經驗，並沒有那麼明顯。**找到合適的人、引發合適的化學反應，比得到對的點子重要。**

這是我多年來時常思考的問題。有一次我和另一家電影工作室的總裁吃午餐，他說自己最大的問題不是找不到好人才，而是找不到好點子。我記得當時我很震驚，因為那顯然是錯誤的想法，我從《玩具總動員2》得到的經驗和他的說法剛好相反。我決定設法了解一般人的想法，因此，接下來幾年，我習慣在演講時詢問聽眾：「哪一個比較有價值，好點子還是好人才？」無論對象是退休主管、學生、高中校長還是藝術家，兩個答案的支持者幾乎都各占一半。（統計學家會告訴你，像這樣完美的分割，不代表其中一半知道正確答案，而是代表大家都是隨意猜測，就像丟硬幣一樣。）

---

3 編按：repetitive stress injury，指因重複使用、振動、壓迫或長期固定姿勢，引起肌肉骨骼系統或神經系統的損傷。

一般人很少思考這個問題，這些年來，聽眾當中只有一個人指出這種二分法的謬誤。不過我認為答案應該顯而易見：點子來自於人，因此，人比點子重要。

我們為什麼覺得困惑？因為太多人把點子想像成單一、完整的事物，彷彿漂浮在空中，與構思點子的人完全無關。但是想法不是單一的，而是透過數以萬計的決定形塑而成，那些決定通常是由幾十個人做出來的。皮克斯電影的每一句對話、每一束光、每一片陰影、每一段音效，都是因為對整部電影有幫助才會出現。如果做對了，人們走出電影院時會說：「一部玩具會講話的電影，好棒的點子！」但電影不是一個點子，是很多點子結合在一起，而這些點子的背後是人。市面上的產品也是類似的概念，例如iPhone不是單一的點子，而是靠著數不清的硬體和軟體在背後支持。然而我們往往只看到單一的物品，把它想像成獨立存在的島嶼。

所以重點是人，**人的工作習慣、才能、價值觀，絕對是創意企業最重要的環節**。《玩具總動員2》上映後，我更清楚看到這一點，這也促使我改變公司的做事方式。因為我發現皮克斯有些傳統沒有把人放在第一位，例如我們和所有電影製片公司一樣有研發部門，負責尋找、開發製作電影的點子。我現在發現那並不合理，自此之後，開發部門的職責不再是開發劇本，而是聘請優秀的人才，找出他們的需求，然後指派他們參與符合他們專長的計畫，確保這些人合作無間。我們一直在調整模式，但是基本的目標都是尋找、開發和支持優秀的人才，那些人才就能發現、培養和構思出好點子。

這和戴明在日本的理論有關。雖然皮克斯沒有傳統的生產線，不過製作電影有一定的程序，每一組團隊把產品或想法傳遞給下一個團隊，往前推動。我認為為了確保品質，團隊中每一個人都要能夠識別問題、停止生產線。要建立這種文化，你需要更多容易拉得到的「線」。要讓團隊知道你很認真，就要告訴他們效率雖然重要，品質才是**最終**目標。我漸漸發現，真的把人放在第一位，不只是口頭上**說說**，而且透過行動**證明**，就能保護這種文化。

《玩具總動員2》也提醒我們，若想繼續前進，電影的需求再也不能凌駕一切，我們要更重視員工的健康。電影完成後，我們馬上替身體受傷、壓力過大的員工找出他們的需求，並制定對策，避免員工再次因為期限的壓力而受到傷害。我們的對策除了人體工學設計的工作空間、瑜伽課和物理治療之外，我們還把《玩具總動員2》當成一個研究案例，用來了解我們通常認為正面的事物——包括積極、有工作狂傾向的團隊，同心協力在期限前完成計畫——如果不加以管控，可能會造成什麼負面影響。雖然我深深以員工的成就為榮，但是我發誓我們永遠不會再用這種方式製作電影。這是主管的職責，眼光要放得長遠，必須保護員工，不讓他們為了追求卓越不惜付出任何代價。這才是負責任的表現。

這比想像中更難做到，皮克斯的員工企圖心強烈、目標遠大，並以自己的工作為榮，他們不但希望盡其所能，還要超越所能。管理階層也希望下一個產品超越之前的成就，同時要符合預算和進度。優秀的主管能激勵員工，但是如果創造這種積極動態的強大力量變成負面的力量，反而會變得很棘手。這當中的差異相當微妙，製作電影必然有極度緊張、壓力沉重的階段，只要時間不會太長，其中某些部分可能是健康的，但是主管和團隊的野心會導致情況變得不健康。領導者必須有所警覺、適時引導，而非趁機利用。

如果希望公司長久經營，就要好好照顧員工、鼓勵健康的生活習慣，並支持他們在工作外有充實的生活。此外，每個人的家庭生活都會隨著年紀轉變，例如結婚生子。這代表我們要創造一種文化，讓員工不再認為休產假或陪產假會阻礙事業發展，這也許不是新觀念，但是在許多公司，員工不敢那麼做，公司的氣氛讓他們感覺真正努力工作的人會希望上班。皮克斯不是這樣。

支持員工代表鼓勵他們尋求平衡，而且不能只有口頭說說，要以實際行動協助他們（皮克斯有游泳池、排球場和足球場，就是要讓員工知道我們重視運動和生活），但是領導人也要密切關注工作場所不斷變化的動態，例如，比較年輕、還沒成家的員工工作時數比當爸媽的人長，我們在比較這兩組人的生產力時，不能不考慮這個因素。除了員工健康，我們也重視他們長期的生產力和快樂，這樣的投資一定能看到回報。

我聽過一間洛杉磯遊戲公司有每年員工流動率一五%的指定目標，他們相信雇用剛畢業、聰明、有衝勁的孩子，讓他們拚命工作，公司生產力就會飆升。這種做法一定會耗損員工，但是沒關係，因為公司的需求超越員工的需求。這樣有效嗎？也許吧，但是只能到達一定的程度。我覺得那種心態不僅錯誤，也很不道德。我讓大家知道，我們永遠要有彈性地認可並支持讓員工平衡生活的需求，雖然我們從一開始就信奉這個原則，但《玩具總動員2》讓我發現，面對期限的壓力時，這種信念可能會被推到一旁。

對「故事至上」與「信任過程」的省思

本章一開始提到的兩個原則在皮克斯創業初期對我們有幫助，不過也對我們形成誤導。《玩具總動員》上映後，我們認為「故事至上」和「信任過程」是帶領我們前進、幫助我們專注的核心原則。不是只有皮克斯的人相信這些原則，你可以試試看，對任何創意人說「故事至上」，他們都會拚命點頭。當然！聽起來很有道理。大家都知道精心安排、打動人心的故事對電影有多重要。

我們認為「故事至上」讓我們與眾不同，因為我們真心相信、徹底執行。但是我和許多同業聊天，更了解其他工作室之後，發現**每個人**都會說出類似的說法——無論他們創作的是真正的藝術或根本是垃圾，他們**都會**說「故事最重要」。這提醒我們光是重複特定想法沒有任何意義，你的行動和思考都必須以此為根據。在皮克斯，不斷重複「故事至上」，對《玩具總動員2》缺乏經驗的導演完全幫不上忙。這個原則雖然琅琅上口，卻無法幫助我們避免犯錯，反而變成虛假的保證，讓我們以為事情不會出錯。

同理，我們「信任過程」，但是過程也無法挽救《玩具總動員2》。「信任過程」漸漸變成

「過程會幫我們解決問題」，這讓我們安心，卻也導致我們放下戒心，變得被動，甚至懶散。發現問題之後，我開始告訴大家這句話毫無意義。我告訴他們，把那句話當成精神寄託，導致我們沒有好好面對問題。應該信任的是**人**，不是過程。我們忘記「過程」只是工具、框架，我們必須更主動負責，有紀律地完成目標。

想像一只沉重的手提箱，把手搖搖欲墜，只剩幾根線支撐。把手代表「信任過程」和「故事至上」這種表面看來似乎很有價值的語句，手提箱代表形成這些語句的經驗、智慧和奮鬥之後得來的真理。很多時候，我們抓住把手，沒有意識到手提箱根本沒提起，就開始往前走，甚至忘了被我們留下的手提箱，畢竟把手比手提箱容易攜帶多了。

一旦知道有這種手提箱和把手的問題，你就會在不同地方發現它，像是緊緊抓住文字或故事不放，卻沒有採取實際行動、探究其中含意；廣告公司用天花亂墜的形容詞取代產品真正的價值；很多企業向消費者保證他們追求卓越，只製作最頂級的產品，「**品質**」和「**卓越**」之類的詞語不斷被濫用，幾乎變得毫無意義；管理者閱讀書籍雜誌，只學到新術語，以為運用這些術語就能幫助他們更接近目標。只要有人想出琅琅上口的句子，就會像與其原意無關的迷因般四處遷移。

然而，「**卓越**」必須靠努力去**贏得**，是別人給我們的，不是由我們自己宣稱的。優秀的領導人有責任確保這些話語不會脫離原本的意義和理想。

儘管把「信任過程」當成激勵工具有它的問題，我了解創意環境中仍須有信念。因為我們經常在發明尚未存在的事物，工作起來有時感覺很可怕。電影製作初期，一切都很混亂，導演和團隊做的很多事都不是很條理分明，責任、壓力和期望都十分重大。有那麼多事情看不清楚、那麼多未知，你如何繼續前進？

有些導演和編劇會因為看不到方向而困在那裡，無法掙脫，所以有些同事堅持我錯了，他們認為「信任過程」很有意義，代表「即使前方黯淡無光，都要堅持下去」。如果信任過程，就可以放輕鬆、放膽去做。我們知道特定的想法可能不成功，但是如果相信目標一定能實現，就可以減少對失敗的恐懼；如果信任過程，我們就會記得自己是有韌性的，也曾經歷過挫折，最後還是從另一端走出來；如果信任過程，或是更準確地說，我們信任「**利用**」過程的人，就能保持樂觀，但是也很實際。信任來自於知道自己很安全，知道同事不會用失敗評斷我們，反而鼓勵我們繼續挑戰極限。但是我認為關鍵在於不要讓這種信任導致我們放棄個人的責任，那會讓我們不斷重複從前的作品。

二〇〇〇年加入皮克斯的導演布萊德．柏德（Brad Bird）常說：「成也過程，敗也過程。」我喜歡柏德的說法，因為這觀點雖然賦予過程力量，但也暗示我們要積極參與過程。《玩具總動員》製作期間加入皮克斯的製片人凱薩琳．薩拉斐恩（Katherine Sarafian）告訴我，她喜歡想像**用信任「觸發」過程**——從旁觀察，如果發現它腳步踉蹌，就輕輕拍醒它。同樣地，積極參與的是我們，不是過程本身。或者換一種方式來說，你可以握住把手，只要沒忘記手提箱就好。

《玩具總動員2》讓我們學到這個教訓，我們必須時時觀察動態的轉變，因為這決定了皮克斯的未來。例如直接發行錄影帶的問題，除了向所有人證明我們無法容忍次級電影，也代表我們所做的**一切**，所有與我們名字有關聯的事物，都必須很好。這不僅和士氣有關，也讓皮克斯所有人了解，品質是我們最大的資產，每個人都有責任確保品質。

大約此時，拉薩特創造了一個說法：「品質是最好的商業計畫書。」他的意思是，品質不是遵循特定做法的結果，而是做決定**之前**的前提和心態。大家都說品質很重要，但是光說不練沒有任何意義，我們必須以那種心態生活、思考和呼吸。我們只想製作最高品質的電影，把自己推向極限，證明我們對那種理想的承諾，皮克斯的特色因此而鞏固。我們永遠不妥協，那不代表我們不會犯錯，錯誤是必然，但是如果犯錯，我們會虛心努力解決，並且願意改變。《玩具總動員2》製作時遇到的種種困難，逼迫我們把注意力轉回自己內在、嚴格律己，並改變對自己的認知。這是皮克斯關鍵的時刻，我們必須且要樂於自我反省，而這才只是剛開始。

我會在本書第二部分探討如何培養那種自我反省的精神，並討論我們馬上得處理的問題：「誠實」的本質是什麼？如果大家都同意誠實很重要，為什麼坦白那麼困難？我們如何看待自己的失敗和恐懼？有沒有一種方法，能夠幫助主管接受出乎意料的結果，了解無論計畫多完善，還是很可能出狀況？我們如何解決主管過度管理的問題？我們能不能從經驗中找出正確的過程？有哪些問題我們仍然沒發現？

接下來幾年，我們一直面對這些問題的挑戰，即使至今都一樣。

第二部

保護新點子

| 第 5 章 |

誠實和坦率

如果你隨便問一個人：「我們該不該誠實？」答案絕對很肯定，一定要啊！如果說不需要誠實，就等於贊同說謊，這似乎有違道德，就像公然反對識字或兒童的營養問題。但是事實上，我們經常有**不說實話**的理由。在職場和他人互動，我們很可能選擇不說出內心真正的想法。

這就是我們面臨的難題。如果想解決問題、有效合作，就必須了解相關的事實和爭議。了解事實，唯一的方法就是充分溝通，**不能**有任何隱瞞或誤導。如果能運用群體的知識與誠摯的建議，一定會做出更好的決策。不過，誠實雖然能替我們帶來寶貴的訊息，我們也了解誠實的重要，恐懼和自我保護的本能往往導致我們有所保留，不願說實話。為了解決這個問題，我們必須讓自己脫離**誠實**可能帶來的包袱。

其中一個方法是以「**坦率**」取代**誠實**。「坦率」比較不牽涉到道德，意思是直率、坦誠，其實和「誠實」差不多，不過一般人認為坦率傳達的意思不只是說真話，也是沒有保留。大家都知道我們有時必須語帶保留，那甚至是生存的必要技能。沒有人認為不夠坦率的人是壞人，但是沒有人願意被指責不誠實。我們比較容易談論自己有多坦率，因為我們不覺得承認自己有時保持沉默會受到懲罰。這點很重要。如果不承認問題存在，你就沒辦法解決問題，而使用「**誠實**」這個辭彙只會讓我們更難討論這些問題。

當然，我們的確有不該坦率的時候，例如政治家對有爭議的問題直接說出內心想法，可能得付出很大的代價；執行長對媒體或股東直言不諱，可能遭到譴責；公司也絕對不希望競爭對手知道他們的計畫。如果想避免讓別人尷尬、冒犯他人，或是認為謹言慎行比較明智，我就不會那麼坦率，但是這不代表我們應該讚揚這種做法。在健全的創意文化中，員工必須能自在地說出內心的想法、意見和批評。如果缺乏坦誠，也放任不管，最終必然導致不健全的環境。

所以管理者如何確保團隊、部門或公司樂於接受坦誠？我的做法是建立制度，明確地讓員工了解它的價值。我將在本章討論皮克斯的一個重要機制：「智囊團」，這個團隊把我們推向卓越、根除平庸。智囊團每隔幾個月開一次會，評估正在製作的電影，讓我們能夠直接對話。這個機制的前提很簡單：把聰明、熱情的人聚集在一起，鼓勵他們坦率說出內心的想法，讓他們找出並解決問題。要求覺得自己有義務誠實的人坦誠，他們會比較輕鬆。他們可以選擇不要這麼做，因此，如果決定直言不諱，往往是發自內心。智囊團是皮克斯重要的傳統之一，這個機制並非萬無一失，有時其中的互動只會突顯坦率有多困難，但是如果做對了，往往成效驚人。智囊團為我們所做的一切定下了基調。

這個團隊在很多方面和任何創意團隊沒什麼兩樣，裡面有謙遜、自尊、開放，也有慷慨分享。雖然規模和目的各有不同，但是自始至終最重要的元素就是坦率。這不是遙不可及的夢想，沒有坦率，就不可能有信任；沒有信任，創意合作就不可能實現。

多年下來，智囊團不斷演變，團隊中的動態也隨之改變，這需要我們持續關注。雖然幾乎所有的智囊團會議我都在場，也樂於加入討論，不過我認為我和皮克斯總經理吉姆．莫里斯（Jim Morris）最重要的任務，是保護和支持會議的基礎，而且這是永遠不會結束的工作，因為事實證明，我們無法一勞永逸地移除障礙。擔心說蠢話、丟臉、生怕得罪人，或遭到報復的想法隨時可能反覆出現，即使你以為自己已經克服了它們。遇到這種情況，必須明確去處理。

智囊團的運作基礎：坦率、信任與尊重

由於智囊團是自然而然組成的，對於這個團隊究竟是何時出現便有一些爭議。團隊源自於《玩具總動員》五名領導人之間難得的合作關係，包括拉薩特、史坦頓、道格特、安克里奇、蘭夫特。皮克斯創業初期，這個五人團隊是很好的典範，他們風趣、專注、聰明、對彼此非常坦誠，更

重要的是，他們不會讓組織架構或個人的問題阻礙有意義的溝通。我們合力解決《玩具總動員2》的危機時，「智囊團」這個辭彙才正式在皮克斯出現。

一九九九年，我們花了九個月重新製作這部出問題的電影，智囊團演變成很有效率的團隊。從一開始，他們就提供極有建設性的建議。大家都把心思放在電影上，而不是隱藏的個人意圖。他們可能激烈爭執，但都是針對電影，他們的動機不是爭功諉過、取悅上司，甚至證明自己辦得到。團隊成員平起平坐，從來不會因為激烈的爭辯感到不高興，因為每個人都知道目標是解決問題。由於有那種信任和相互尊重，他們解決問題的能力十分強大。

《玩具總動員2》上映後，我們的製作清單迅速擴展。突然間，我們得同時製作好幾部電影，這代表那五個人不可能參與每一部電影的製作。我們不再是新創公司。道格特去製作《怪獸電力公司》、史坦頓製作《海底總動員》，柏德也加入製作《超人特攻隊》。智囊團必須從緊密、定義明確、一起從頭到尾做完一部電影的團隊，轉變為規模較大、不固定的團隊，遇到需要就集合起來，一起解決所有電影的問題。雖然名稱還是智囊團，不過我們沒有固定的成員名單。這些年來，團隊成員包含各式各樣的導演、編劇和故事部門主管，唯一的要求是要很會說故事。新加入的成員包括皮克斯故事組的負責人瑪麗．科曼（Mary Coleman）、研發部門主管基爾．莫瑞（Kiel Murray）和凱倫．白（Karen Paik），以及編劇邁克．艾恩特（Michael Arndt）、梅格．勒弗維（Meg LeFauve）和維多莉亞．史特勞斯（Victoria Strouse）。永遠不變的是對坦率的要求，坦率的價值雖然顯而易見，卻比想像中難做到。

想像一下，你第一次參加智囊團會議，會議室坐滿經驗豐富的聰明人，要討論剛才播放的電影。你當然想謹言慎行，對不對？你希望顯得彬彬有禮，尊重、贊同別人的意見，你不想出醜或態度狂妄。無論你多有自信，發言之前，你一定會思考：「這是好主意、還是蠢想法？我說多少次蠢話之後，別人會開始懷疑我的能力？我可以告訴導演他的主角不討喜，或者第二幕很難懂嗎？」你並非打算不誠實或隱瞞想法，在這個階段，你根本沒想到坦不坦率的問題，你只是不希望自己看起來像白痴。

更複雜的是，你不是唯一有這些疑惑的人，每個人都有。我們的社會不鼓勵跟上級說真話，而且會議室裡人愈多，我們愈想有好表現。強勢、有自信的人可能讓同事不敢發言，讓別人感受到他們對負面意見、或是挑戰他們思維的批評不感興趣。如果感覺在場的人不了解他的作品，導演可能覺得自己的努力遭受質疑、攻擊，他們的大腦會解讀所有的弦外之音，抗拒威脅他們作品的批評。遇到這種情況，我們很難開誠布公。

但是坦率對創作過程非常重要。為什麼？因為一開始，我們**所有的**電影都很糟。我知道這樣說很直接，但是我時常刻意這麼說，而且就是要那麼直接，因為說得太委婉，就無法讓別人了解電影的第一個版本有多糟。我這樣說不是因為謙虛，皮克斯的電影一開始並不好，我們的任務就是把它變好，就像我說的：「從很糟到不糟。」我們所有成功的電影都經歷過很糟的階段，很多人無法理解這個概念，不過仔細想想，一部關於會說話的玩具的電影，有多容易讓觀眾覺得缺乏創意、肉麻，或者認為我們是以周邊商品為出發點；關於老鼠煮菜的電影可能很令人反胃；一開始長達三十九分鐘沒有台詞的《瓦力》有多冒險。我們勇於嘗試，但不是第一次就會做對。這很理所當然，創意總要有個開頭，我們靠著坦率的建議以及不停重做、重做、再重做，直到有缺陷的故事找到主線，空虛的角色找到靈魂。

正如我之前提過的，我們會把劇本畫成分鏡腳本，搭配暫時音效製成粗略的電影版本，稱為動態腳本。智囊團會檢視動態腳本，討論哪裡不對勁、哪裡可以更好、哪裡根本不可行。不過他們不會針對診斷的問題**開藥方**，他們找出哪裡比較薄弱，提出建議，但是最後找出前進方法的還是導演。製作團隊每隔三到六個月會製作新的動態腳本，重複這個過程。九十分鐘的動態腳本需要大約畫一萬兩千個分鏡腳本，由於過程不斷重複，直到電影完成，製作團隊通常要畫出比上述數字多十倍的分鏡腳本。通常每重複一次，電影都會持續改善。導演有時可能卡住，無法解決別人提出的問題，還好這時通常另一場智囊團會議又將召開。

智囊團的目的：找出問題根源，然後讓團隊自己設法解決

如果想了解智囊團究竟在做什麼，以及這個機制對皮克斯為何這麼重要，就必須了解一個事

實：所有執行複雜創意計畫的人在過程中都會迷失。這就是創意的本質——你在創造時必須全心投入，幾乎**成為**電影的一部分，那種幾乎和電影融為一體的過程，是製作電影很重要的部分，但是也會令人困惑。編劇和導演失去他們曾具有的視野，他們本來可以看到一片森林，現在只看得到樹。眾多細節聚集成模糊的整體，導致他們很難朝著一個方向大步前進。這種感覺很可怕。

無論多有才華、多有條理，或視野多清晰的導演，都會在過程中迷路。那對試圖提供有用建議的人來說是個問題：要如何幫助導演解決他們看不到的問題？當然，答案要視情況而定。導演的想法可能很好，但也許安排不當，沒能讓智囊團的成員了解；也許他沒發現很多呈現在螢幕上的**想法**只有他自己看得到；或者動態腳本的概念不成功，也永遠不會成功，只能刪掉某些片段或從頭開始。無論如何，耐心和坦率都很重要。

好萊塢電影工作室的主管通常會透過給導演很多「便條」，來傳達對電影的建議。影片試映後幾天，主管的建議會打好字、交給導演。問題是導演根本不想看那些便條，因為那通常不是來自電影製作人，他們認為那些建議很蠢，只會造成干擾。導演和工作室之間的氣氛本來就很緊張，電影工作室支付帳單，希望影片賣座，導演則希望保留自己的藝術眼光。我要補充的是，電影工作室主管提供的便條建議通常很敏銳，因為局外人往往可以看得更清楚。但是當對於「非創意人」提供建議的不滿，加上拍攝一部變好之前會爛好幾個月的電影的困難，這種緊張氣氛會使得藝術和商業之間的鴻溝愈來愈深。

所以皮克斯不採用這種提供建議的方法，我們開發出自己的模式，決心成為讓導演與製作人主導的電影工作室。這不代表我們沒有階級體系，而是我們努力創造出大家都想聽取別人建議、以及每個人都會因他人的成功而受益的環境。我們給導演與製作人很多自由，但是也交付他們責任。例如我們相信最可能成功的故事不是由我們分配給導演與製作人，而是從他們的內心浮現的。我們的導演多半是製作自己構思、且熱切想製作出來的電影。然後，因為我們知道那種熱情會使他們看不到必然出現的問題，所以為他們提供智囊團的專業諮詢。

你也許會想，**智囊團和其他回饋機制有什麼不同？**

我認為有兩個主要差異。首先，**智囊團是由了解如何說故事的人組成**，而且多半都親身經歷過這個過程。導演雖然歡迎來自多方的批評（事實上，我們的電影在公司內部試映時，**所有皮克斯**員工都要提供建議），但他們會特別重視其他導演和說故事人的建議。

第二個差異在於**智囊團沒有權力**。這點很重要，導演不需要採納任何建議。智囊團會議結束後，導演可以決定如何處理建議，這不是由上而下、也不是非做不可的事。拿掉智囊團指定解決方案的權力，就能影響團隊的氣氛，我認為這一點很重要。

我們很容易發現電影出了問題，但是問題的來源通常很難評估。劇情的轉折令人困惑，或是主角態度轉變無法讓人信服，往往是因為其他微妙、潛在的問題所造成。這就像是病人因為扁平足引發膝關節疼痛，如果在膝蓋動手術，不但無法減輕疼痛，還可能導致疼痛加劇。為了減輕疼痛，你必須找出並處理問題的根源。智囊團的目的，是把問題真正的原因帶到表面，而不是提出具體的補救措施。

此外，我們**不希望**智囊團解決導演的問題，因為我們相信我們的解決方案很可能比不上由導演和創意團隊想出的辦法。點子和電影只有面臨挑戰和考驗才能變得爐火純青。學術界有「同儕審查」制度，我喜歡把智囊團看成皮克斯的同儕審查。那是確保提升標準的討論場所，提供坦率深入的分析，不是要下達指令。

這不一定容易做到，導演當然寧願大家讚美他的電影是曠世傑作，但是智囊團的組成架構，能把痛苦減到最低，所以導演很少出現防衛心，因為沒有人濫用職權或告訴製作團隊該怎麼做。被放在顯微鏡下檢視的是電影、而非導演與製片。這是大多數人覺得困惑、但卻非常重要的原則：**你不等於你的點子，如果把兩者連在一起，點子遭受質疑時你就會不高興**。你必須切斷那種連結，把重點放在問題，不是人。

以下是我們的運作方式：智囊團的成員在早上聚集，觀看製作中的電影，放映結束後，我們到會議室吃午餐，整理一下想法，然後坐下來討論。導演和製作人會大略報告一下進度，例如他們可能說：「我們鎖定了第一幕，但是第二幕仍然陷入膠著。」或是：「結局還是不夠連貫。」拉薩特通常第一個提供意見。雖然每個人在智囊團會議都有平等的發言權，不過拉薩特會替討論定下基調。他說出自己最喜歡的段落，並指出他認為需要改進的主題和概念，啟動接下來的討論，大家便開始紛紛表達他們對電影優缺點的觀察。

在介紹形塑討論的力量之前，我們先花點時間從導演與製片的角度來看這個團隊。他們很重視這個會議，《玩具總動員3》編劇艾恩特說，他認為要創作出很棒的電影，到了一定的時間點，就必須從替自己創造故事，轉變為替別人創造。他認為智囊團就能提供這種轉變的支點，雖然過程一定很痛苦。他說：「痛苦的部分在於你要放棄掌控權，也許我認為那是全世界最好笑的笑話，但是如果沒有人笑，我就要把它拿掉。他們能看到你看不到的東西。」

替迪士尼製作動畫電影《無敵破壞王》（*Wreck-it Ralph*）的瑞奇・摩爾（Rich Moore）把智囊團比喻為一群在設法解開自己謎題的人。（自從我和拉薩特接管迪士尼動畫後，迪士尼也開始採用這個傳統。）不知為何，也許是因為沒有涉入太深，在自己的電影遇到困境的導演，可以清楚看出另一個導演的問題，他說：「這就像是我可以把我的填字遊戲先放到一邊，幫你解一下你的魔術方塊。」

鮑伯・彼得森（Bob Peterson）是另一名智囊團成員，曾替十一部皮克斯電影編劇並配音，他以《魔戒三部曲》裡的「索倫之眼」形容智囊團，索倫之眼可以看穿一切，當它盯著你看，你就無法避開它的目光。

但智囊團是出於善意，希望幫得上忙，而且沒有自私的意圖。史坦頓幾乎參與每一場智囊團會議，不是給予就是接受建議。他說如果把皮克斯想像成醫院，電影是病人，智囊團就是由一群專業醫師組成的團隊。那部電影的導演和製作人也是醫生，他們召集一群諮詢專家，替極端複雜的病症找出準確的診斷。但是最終還是由製作團隊決定採用哪一種治療方式。

喬納斯．里維拉（Jonas Rivera）原本是《玩具總動員》的行政助理，後來替我們製作了兩部電影，他替史坦頓的醫院比喻加上這段話：如果電影是病人，那智囊團第一次評估時，電影還在子宮裡，「智囊團會議是電影誕生的地方。」

直擊智囊團會議現場

我想帶你參加一場智囊團會議，讓你更了解我們如何坦率地提供建議。這是道格特的電影，還在製作初期，當時的名稱是《未命名的皮克斯電影，帶你進入大腦內部的世界》。這部電影的靈感來自道格特，可以預見是很有企圖心、層次豐富的電影。道格特和他的團隊已經花了幾個月討論要帶領觀眾進入什麼人的大腦，以及他們會看到什麼。這場智囊團會議參加人數比較多，大約有二十人坐在會議桌旁，另外有十五人坐在靠牆邊的椅子上。眾人魚貫進入，拿了些食物，閒聊一下之後，開始進入正題。

在試映前，道格特解釋過他們目前為止大致的想法，以及他希望在哪些特定場景和觀眾連結。他問：「大腦有什麼情緒？我們努力想讓這些角色符合那些情緒的感覺。我們的主角是『喜悅』，她開心時真的會發亮；另外還有『恐懼』，他覺得自己有自信、溫文儒雅，其實有些膽小，經常被嚇到；其他角色還有『憤怒』，以及形狀像淚滴的『悲傷』，再來是對一切事物都嗤之以鼻的『厭惡』，這些角色都在我們所謂的總部上班。」

大家都笑了起來，接下來十分鐘的試映中，很多場景也可以聽到笑聲。大家都同意這部電影就像道格特之前製作的《天外奇蹟》，會是相當感人的原創電影。我提過道格特擅長梳理場景，創作出打動人心的有趣情節，讓不同情緒成為電影角色很能發人深省，也有很大的發揮空間，但是隨著智囊團開始熱烈討論，大家似乎都認為電影的主要場景──兩個角色在爭論為什麼某些記憶會消失、其他則永遠留存──太薄弱，無法把觀眾和電影想處理的深刻概念連結在一起。

道格特身材高大，身高將近一百九十五公分，卻給人溫和勇敢的感覺，此時就能明顯看到這些特質。聽著我們分析關鍵場景有什麼不對勁，他的表情很從容，沒有痛苦。他之前經歷過很多次，相信智囊團的力量能夠幫助他到達他想去的地方。

坐在中間的是二〇〇〇年加入皮克斯的柏德，他曾替華納兄弟撰寫並執導《鐵巨人》（*The Iron Giant*），他幫我們製作的第一部電影是二〇〇四年上映的《超人特攻隊》。柏德天生反骨，反對任何相似的創意，他追求藝術上的成功，講話如連珠炮般精力充沛，總是為了創意而戰（即使沒有人和他戰鬥）。因此，他最先明確表示他覺得故事核心不夠有力，他告訴道格特：「我知道你想保持單純，讓觀眾感受到連結，但是我認為需要再加一些東西，幫助觀眾投注更多情感。」

接下來發言的是史坦頓。他常說：「犯錯要趁早。」在戰爭中，如果面前有兩座山頭，你不確定要攻擊哪一座，他說，正確的行動是趕快決定。如果發現選錯了，就馬上轉身攻擊另一座，唯一不能接受的行為是在山丘之間跑來跑去。現在他似乎在暗示，道格特和他的團隊衝進了錯誤的山頭，他說：「你可能要花更多時間，決定你的想像世界的規則。」

每一部皮克斯電影都有一套觀眾必須接受、理解和欣賞的規則，例如《玩具總動員》中，人類永遠聽不見玩具說話的聲音；《料理鼠王》的老鼠都用四只爪子走路，就像正常的老鼠，除了主角小米是站著走路。道格特這部電影目前為止的規則，是記憶（以發光的玻璃球呈現）會經由迷宮般的滑道傳送到資料庫，儲存在大腦裡。擷取記憶時，它們會從另外一組滑道滾下，就像在保齡球球道上把球送回打者手中。

那個架構很漂亮也令人印象深刻，但是史坦頓建議他們要釐清另一個規則：記憶和情緒如何隨著大腦老化而改變。史坦頓說，這是電影建立關鍵主題的時刻。聽到這裡，我想到《玩具總動員2》加上企鵝吱吱之後，馬上建立玩具壞掉後可能被丟在架上、不再被愛的想法。史坦頓覺得這裡缺少這種具影響力的機會，所以電影無法成功。他坦率地說：「道格特，這部電影是關於我們必然會長大、改變。」

柏德接著發言：「這間會議室有很多人都還沒長大，我覺得這是好事，重點是如何變得成熟、有擔當，變得更可靠，同時又保留孩子般的好奇心。很多人對我說，你們也一定聽過類似的話：『天呀，我希望我像你一樣那麼有創意，會畫畫真好。』但是我相信每個人小時候都會畫畫，孩子就有那種本能，但是很多人忘掉了，或是有人告訴他們辦不到，說那是不切實際的想法。所以，孩子是要長大，但也許我們可以告訴他們，你要保留一些孩子氣的想法。」

「道格特，我要替你鼓掌，這個題材**很有企圖心**。」柏德的聲音充滿感情，「在製作之前的電影時我就跟你說過：『你想在狂風中連做三個後空翻，然後很氣自已落地時沒有站穩。我說，你還**活著**就很厲害了。』你這部電影也在做一樣的事，這個圈子沒有人用這種預算製作這樣的東西，所以我要替你鼓掌。」大家開始拍手，柏德暫停說話，然後和道格特相視而笑，跟他說：「你麻煩大了！」

智囊團直言不諱的前提是導演與製作人有聽真話的心理準備。只有對方能夠接納，並在必要時願意放手，坦率才有價值。這部電影的製片里維拉會試著讓這個痛苦的過程變得簡單一些，因此他會協助導演替會議的重點「下標題」，把不同意見提煉成容易消化的資訊。會議結束後，他就替道格特標記出問題似乎最嚴重的地方，提醒他哪些場景引發最大共鳴。里維拉問：「所以我們要毀掉哪些地方？哪裡要重做？現在你喜歡哪些部分？和一開始一樣嗎？」

道格特回答：「我喜歡電影的開頭。」

里維拉舉手敬禮，說：「好，所以開頭就是那樣，之後的故事要符合那個開頭。」

「我同意。」道格特說。

他們走上了正確的道路。

坦率與爭執，是為了挖掘真相

坦率的發言、激烈的爭執、歡笑和愛，這是智囊團會議最基本的四個要素。不過剛加入的人往往先注意到音量，我們開會時常常很興奮，大家同時發言，難免提高聲量。外人可能覺得我們在吵架，甚至在干預電影製作。我能夠理解他們的困惑，因為他們不了解智囊團的**用意**，智囊團的激辯不是要決定誰贏誰輸，這樣的「爭吵」，只是為了挖掘真相。

這就是為什麼我要求賈伯斯不要參加皮克斯的智囊團會議，我認為他帶有傳奇色彩的名聲，會讓人比較難坦率直言。我們在一九九三年達成這項協議，那天，我剛好去拜訪微軟，賈伯斯打電話給我，擔心我被挖角。我根本無意到微軟工作，那也不是我拜訪微軟的原因，但是我知道他很緊張，所以我趁機提起智囊團的事。我說：「這個團隊合作得很好，但是如果你參加，很可能會改變它。」他同意了，他相信拉薩特和故事團隊比他更知道怎麼說故事。他在蘋果出了名地喜歡插手干預產品最微小的細節，但是在皮克斯，他不認為自己有更好的直覺，所以他沒過問。由此可見坦率在皮克斯有多重要，它超越了階級制度。

智囊團會議不僅提供坦率的建議，也讓與會者能夠探索各式各樣的思路，例如《瓦力》一開始叫做《垃圾星球》。很長一段時間，電影的結尾是瓦力從垃圾堆救出心愛的機器人伊芙，不讓她被摧毀。但是不知道為什麼，總是感覺結局不對勁。我們討論了無數次，導演史坦頓始終找不出哪裡出問題，更別說解決方法。令人困惑的是，浪漫的情節主線似乎沒錯，瓦力當然會救伊芙，他從第一眼就愛上她，不過這正是問題所在。柏德在智囊團會議向史坦頓指出這一點，他說：「你沒有給觀眾他們一直在等待的那一刻。伊芙拋開所有程式設定，全力以赴去拯救瓦力。給他們那一刻，觀眾想看到。」柏德的話切中問題。會議結束後，史坦頓寫出全新的結局，伊芙救了瓦力，下一場試映會時，沒有人不流下眼淚。

同時，艾恩特則記得是史坦頓在智囊團會議的建議，完全改變《玩具總動員3》第二幕的結尾。在原來的版本中，托兒所壞心的粉紅色泰迪熊「熊抱哥」在玩具們叛變後被推翻。問題是叛變無法讓人信服，因為背後推動的力量不夠真實。艾恩特告訴我：「在那個版本，我讓胡迪英勇地站起來告訴大家熊抱哥有多壞，改變每個人對熊抱哥的看法，但是開會時，史坦頓說：『不對，這我不能接受，這些玩具都不笨，他們**知道**熊抱哥不是好人，他們和他結盟，只是因為他最強大。』」這在會議室引發熱烈的討論，直到最後艾恩特把熊抱哥比喻為史達林，其他玩具是他畏縮的臣民，替熊抱哥做事的大寶寶——一隻眼睛半閉的光頭娃娃——就是史達林的軍隊。此時，解決方式終於出現。艾恩特說：「如果你讓軍隊叛變，就可以擺脫史達林，所以現在的問題是胡迪怎麼讓大寶寶反抗熊抱哥？我的問題在這裡。」

解決方案是揭發熊抱哥說謊，導致大寶寶被小主人拋棄。這是艾恩特想出的解決方法，但是如果沒有智囊團，他永遠不會發現。

對這種批判的環境感到威脅和害怕很自然，就像看牙醫一樣。**在任何回饋團體中，成功的關鍵是要把他人提出的觀點視為附加的助力，而非競爭**。如果想像成競爭，你會比較別人和自己的想法，把討論變成輸贏的辯論；如果想像成附加的助力，你就會理解所有參加開會的人都在幫你（即使只是激發討論的想法，最後沒有成功）。智囊團很有價值，因為它能你拓展的視野，讓你至少暫時能從別人的角度看事情。

柏德就是很好的例子，智囊團幫他解決了他沒有意識到的問題。在製作《超人特攻隊》時，有人對巴荷莉和巴鮑伯，也就是彈力女超人和超能先生吵架的場景產生疑慮。鮑伯在外面救人之後，深夜偷偷溜回家，被荷莉逮到。很多參加智囊團會議的人認為這個場景不對勁。柏德很喜歡這個例子，因為智囊團雖然沒診斷出究竟是哪裡不對勁，卻依然幫助他找到了解決方案。智囊團建議的方法並不合適，但柏德說那幫了他很大的忙。

他告訴我：「有時候他們知道出了問題，但找到的卻是錯誤的症狀。我之前介紹過電影的基調，大家也覺得不錯。但是智囊團第一次看到加上聲音的場景，可能心裡覺得有點像柏格曼的電影吧？看到巴鮑伯對巴荷莉大叫，他們的建議是：『他好像在欺負她，我真的不喜歡巴鮑伯，你得重寫才行。』所以我開始重寫，但是我心想：『不對，他**就是**會這樣說，她**也會**那樣回應。』我一點也不想改，但我知道我不能這樣做，因為真的就是不對勁。我後來發現問題出在哪裡，巴鮑伯人高馬大，巴荷莉個子很小，儘管巴荷莉和巴鮑伯的地位平等，你在銀幕上看到的就是一個大個子大吼大叫，感覺像在欺侮她。一旦想通後，我讓有彈力的巴荷莉在堅持主張、說著：『這與你無關』時變大。我沒有改變任何對話，只是改變圖像，把她的身體放大，好像在說：『我可以成為你的對手。』我播放修改後的場景，智囊團說：『**好多了**，你改掉哪些對話？』我說：『我一個逗點都沒改。』這就是團隊知道出了問題，但是沒有解決方案的例子。我必須深入探究，問自己：『如果對話沒錯，是哪裡出了問題？』然後我發現：『哦，是**那裡**。』」

建設性的批評才重要

皮克斯創立初期，拉薩特、史坦頓、道格特、安克里奇和蘭夫特就向彼此承諾，無論如何，他們都會告訴對方真相。這是因為他們知道坦率的建議有多重要且難得，對我們的電影有多大影響。我們用「好便條」形容這種有建設性的批評。

好便條指出哪裡有問題、缺少什麼、哪裡不清楚、不合理；好便條會及時提出問題，讓問題及時解決；好便條不會提出要求，甚至不用包含解決方案，如果提出解決方法，只是建議可能的解決方案，不是指定一個答案。最重要的是，好便條很具體，「我覺得好無聊」就不是個好便條。

就像史坦頓說的：「批評和有建設性的批評是兩回事，後者是一邊批評一邊建設。你破壞，同時也建造新事物，取代你剛才摧毀的東西。這本身就是一種藝術形式。你給的建議應該能激勵對方，就像想辦法讓小孩自己想重做功課。所以你要像老師一樣，有時候得用五十種方法討論同樣的問題，直到有一句話能讓學生的眼睛發亮，好像在想：『啊，我想去做。』而不是說：『這個場景寫得不夠好。』你要說：『你難道不希望觀眾走出戲院後會引述這些台詞嗎？』更有挑戰性的說法是：『這不就是你想要的嗎？我也想要！』」

說真話很困難，但是在一間創意公司，這是確保卓越的唯一途徑。主管的職責是留意會議室裡的動態，有時導演會發現某些人語帶保留，遇到這種情況，解決方法通常是召開較小型的智囊團會議，透過限制參加人數，鼓勵更直接的溝通。有時可能有必須特別注意的問題，但人們在不知不覺中想要逃避。根據我的經驗，只要稍微提醒，就能幫助他們回到正確的軌道。

坦率不是殘酷，也不是為了破壞。成功的回饋機制要以同理心為基礎，感覺我們都在同一艘船上，我們理解你的痛苦，因為我們也經歷過。開會時，我們要極力避免為了讓對方開心而說好話，也不要期待得到旁人的讚賞。我們的所有便條都是為了達到共同的目標——製作更好的電影，相互支持和協助。

但光是每隔幾個月把一群人聚集起來坦率討論，不代表就能治癒公司的弊病。首先，任何團體都需要一段時間，才能發展出那種層次的信任，真正坦誠地提出建議和批評，不必擔心受到報復；其次，即使最有經驗的智囊團團隊，也幫不了不明白其中道理的人，那些人沒辦法在遭受批評時不產生防衛心，或是不知如何消化意見、重新開始；再來，我會在稍後的章節中討論，智囊團會隨著時間演變，那不是成立後就不必管的東西。即使找來很有才華、願意分享經驗的人，也可能因為人與人或部門與部門之間的互動改變而出問題。所以，要確保智囊團正常運作，唯一的辦法就是持續觀察、保護，並根據需要調整。

我想強調的是，你不用在皮克斯上班，也能創造智囊團。任何領域的創意人都可以召集周遭有洞察力、有風度的聰明人，組織類似的機制。「你可以、也應該召集自己的解決問題團隊。」史坦頓說道。他還說，製作電影時，他甚至會在正式的智囊團之外組織規模較小的團隊。「你找的人必須幫助你聰明思考，能夠在短時間內提出大量解決方案。我不在乎那些人是誰，工友、實習生，或是你最信任的助手都可以，只要能夠幫助你，都應該加入。」

如果你的同事在走廊比在討論重要想法或公司政策的會議室更能直言不諱，那絕對不是好事。如何預防這種情況？去找出願意和你直話直說的人，如果找到了，就別讓他們離開。

| 第 6 章 |

恐懼和失敗

《玩具總動員3》的製作過程可以當成拍電影很好的教材。二〇〇七年，《玩具總動員》原始製作團隊花了兩天，聚集在我們非正式的閉關中心「詩人的閣樓」，那是位於舊金山北邊五十哩的鄉村小屋，完全以紅木和玻璃打造，坐落在托馬利灣（Tomales Bay）上方，是個很適合思考的地方。這一天，團隊的目標是草擬出一部他們願意付錢欣賞的電影。

與會者坐在沙發上，中間擺了一塊白板，一開始先是基本的問題：為什麼要製作第三集？還有什麼故事可說？我們還對哪些事好奇？《玩具總動員》的團隊了解也信任彼此，這些年來，他們一起犯錯，也一起解決看似無法解決的問題。關鍵是不要把重點放在最終目標，而是他們對電影裡的角色（感覺就像我們真正認識的人）還有什麼好奇。不時就會有人站起來跟大家測試他們的點子——以類似影碟背面的簡介那樣總結出三段式的劇情。大家紛紛提供建議之後，他們再回去構思。

後來，一個人的發言引起眾人注意：**這些年，我們一直用各種方式談論安弟長大後不再玩玩具的事，那為什麼不直接跳入那個主題？如果安弟離家上大學，玩具們會有什麼感覺？**雖然沒有人知道如何回答這個問題，在場的人都明白我們會採用這個概念製作《玩具總動員3》。

從那一刻開始，電影似乎有條不紊地展開。史坦頓寫出劇本的雛型、艾恩特完成劇本、導演安克里奇和製作人達拉．安德森（Darla Anderson）成功統籌製作過程。電影在期限前完成，連智囊團都沒發現太多有爭議的地方。我不想誇大，這部電影當然有它的問題，但是自從皮克斯成立以來，我們從來沒有遇過如此平順的製作過程。製作期間，賈伯斯打電話給我，想了解我們的進展。

我告訴他：「真的很奇怪，製作這部電影都沒遇到什麼大問題。」

很多人聽到這個消息會感到開心，但是賈伯斯沒有。

「當心，這樣很危險。」他說。

我說：「不用太擔心。到目前為止我們製作了十一部電影，這是第一次沒出現大問題，再說，我們接下來還要面對幾個災難。」

我不是隨便說說，接下來兩年，我們要面對一連串代價高昂的失誤，其中兩個──《汽車總動員2》和《怪獸大學》──必須撤換導演才能解決，另一部花了三年時間籌備的電影，因為問題實在過於複雜，只好完全放棄。

我等一下會進一步探討這些失誤。幸好我們在電影上映前就發現問題，可以把這些失誤當成學習經驗。我們為此花了不少錢，但是不介入處理的損失會更可觀；這些失誤也很難面對，但我們因此變得更好、更堅強。災難跟投資研發一樣，是做我們這行必經的歷程，我希望皮克斯每一個人都以同樣的方式看待它們。

犯錯要趁早，把失敗視為對未來的投資

很多人不願失敗，這源自於我們從小就不斷接收這樣的訊息：失敗不是好事，代表你沒有好好念書或準備；失敗代表你懈怠，甚至是不夠聰明，因此失敗很可恥。這些觀念一直伴隨我們成長，就算後來很多人告訴你失敗的種種好處，你也讀過許多相關文章。然而，即使我們點頭表示同意，許多人仍然忍不住出現兒時的情緒反應，那種恥辱的經驗太根深柢固、難以抹滅。在工作生涯中，我經常看到抗拒失敗、拚命想避免失敗的人，因為無論我們怎麼說，犯錯仍然令人尷尬。遇到失敗，我們當下的反應就是痛苦。

我們必須用另一種方式思考失敗。只要正確面對失敗的經驗，失敗就能幫助我們成長。我不是第一個這麼說的人，但是大多數人會以「錯誤是必要之惡」來解釋這個論點。**錯誤不是必要之惡**，它一點也不邪惡，**而是嘗試新方法必然的結果**。所以我們反而要珍惜，因為沒有錯誤，就不會有創新。然而我也知道，光是明白這個道理沒有用，失敗令人痛苦，這種痛苦的感覺往往扭曲我們

的想法。我們要接受痛苦與其帶來的成長的好處，才能分辨失敗當中好和不好的部分。

由於沒有依靠，大多數人都不想失敗。但是史坦頓不是大多數人，他經常說：「早點失敗、快點失敗。」和「犯錯要趁早。」他認為失敗就像學騎腳踏車，你不可能沒有犯錯就學會，一定要跌個幾次，他說：「找一輛低一點的腳踏車，戴上護肘和護膝，你就不會害怕跌倒。」如果把這種心態運用到你嘗試的所有事物，就可以推翻所有與犯錯相關的負面想法。史坦頓說：「你不會對第一次彈吉他的人說：『你最好**想清楚**手指要放哪裡再彈，因為你只能彈一次，沒有別的機會，萬一彈錯了，我們也不會回頭重彈。』這不是學習的好方法吧？」

這不代表史坦頓喜歡別人批評他的作品，但是他會用正面的心態面對，把痛苦變成進步的機會。趁早犯錯是積極、快速的學習方式，史坦頓就是毫不猶豫地這麼做。

我們時常聽到史坦頓說這些話，不過很多人仍然不得要領，他們以為這代表有尊嚴地接受失敗，然後繼續前進。更好、更細微的解釋是，失敗是學習和探索的表現。如果不願經歷失敗，你就犯了更嚴重的錯誤：以避免失敗為目標。採取這種藉由超前思考來避免失敗的策略，你注定會失敗，領導人尤其如此。就像史坦頓說的：「不斷前進可以讓你帶領的團隊感覺到：『我們這艘船真的在朝陸地前進。』相較之下，若是領導人說：『我還不太確定，我再看一下地圖，我們先在海上漂一下，你們不要划槳，等我找出答案再說。』幾個星期過去，士氣愈來愈低落，團隊就會驚慌不安，開始質疑船長，即使他們的反應不一定合理，你也很難扭轉他們的想法，因為你沒有前進。」

拒絕失敗、避免犯錯，表面上是崇高的目標，事實並非如此。就像一九七五年成立的金羊毛獎（Golden Fleece Awards），旨在呼籲公眾關注浪費公帑的研究計畫，得過獎的有美國國家科學基金會（National Science Foundation）花了八萬四千美元研究愛情、還有國防部用三千美元研究軍事人員是否應該攜帶雨傘的計畫。這樣的監督看似是好主意，卻引發寒蟬效應，沒有人想「贏得」金羊毛獎，因為在避免浪費的幌子下，主辦者在不經意間造成了研究人員對犯錯的擔憂與尷尬。

如果每年資助好幾千項研究計畫，一定有些研究能帶來明顯、可衡量的正面影響，其他很可能沒有結果。我們無法預測未來，現實就是如此。但是金羊毛獎暗示，研究人員應該在研究之前就知道結果有沒有價值。失敗被當成武器，而非學習的媒介。失敗可能導致你被公開撻伐，這會扭曲研究人員選擇研究項目的方式，阻礙進步。

有個快速的方法可以判斷你的公司面對失敗的態度。問問你自己：發現錯誤時，你們會怎麼做？你們有沒有合力找出阻礙前進的問題？還是會問：「這是誰的錯？」若是如此，就是把失敗看成負面的事。失敗已經很難面對，如果還要尋找代罪羔羊，只會使問題更複雜。

在恐懼、規避失敗的文化下，我們會有意無意規避風險，重複過去證實安全的做法，結果就是不斷模仿從前的作品，而非創新。正確理解失敗，才會看到相反的結果。

究竟怎麼做，才能讓我們不畏懼失敗？

其中一部分答案很簡單，**只要領導人勇於談論自己犯了什麼錯，或是自己在錯誤裡扮演什麼**

角色，員工就會比較安心。你不能逃避或假裝問題不存在，所以我刻意提到皮克斯遇到的災難，因為它們讓我們學到一件很重要的事：如果想從問題中學習，就必須坦然接受錯誤。我們無法完全趕走恐懼，因為在高風險的情境中，恐懼很難避免。我只希望放鬆失敗的緊箍咒。雖然我們不希望有太多失敗，但還是要把失敗的成本想成是對未來的投資。

《怪獸電力公司》的進化過程

建立不畏懼的文化，就能較不猶豫地開拓新領域、找出未知的路徑，然後大步前進。果斷的好處是不會浪費時間在猶豫不決，煩惱自己是否選對路徑，省下來的時間在遇到死胡同或需要重新開始的時候就能派上用場。

選好路徑還不夠，你必須真正往前走，才能看到一開始不可能看到的東西。你也許不喜歡眼前的景象，有些畫面可能令你困惑，但是你至少探索過。重點在於即使你認為走錯了，還是有時間朝著**正確**的方向前進。你在過程中所有的思考和探索都不會白費，即使看到的東西不符合當下需求，日後還是可能用得上。

以《怪獸電力公司》為例，這部電影在描述毛怪和他負責驚嚇的小女生阿布之間難得的友誼，不過一開始的故事和最終成品很不一樣。道格特提出的點子主要是講一名三十歲男子的故事。

根據道格特描述，那名男子「是名會計從業人員，他痛恨自己的工作，有一天，媽媽給他一本小時候的圖畫書，他沒有多想，就把書放到書架上。那天晚上，他開始看到其他人看不到的怪物，以為自己瘋了。怪物跟著他上班、約會。後來，他發現這些怪物是他小時候沒有好好面對的恐懼。他最後和怪物變成朋友。征服恐懼之後，怪物也慢慢消失。」

看過電影的人都知道，最終的成品和以上描述的故事沒有任何相似之處。這個故事轉錯很多彎，經過好幾年才找到正確的方向。一路上，道格特背負極大壓力，《怪獸電力公司》是皮克斯第一部不是由拉薩特執導的電影，所以道格特和他的團隊如同被放在顯微鏡下檢視，每一次失敗，只讓他們壓力倍增。

還好道格特始終抱持一個基本概念：「怪獸是真實的，靠著嚇唬孩子維生。」但是如何用打動人心的方式表現這個概念？他不知道，直到他試過各種方法。一開始，主角是個名叫瑪麗的六歲小女生，後來改成小男孩，接著又回到六歲小女生，然後變成專橫跋扈的七歲女生，叫做阿布。最後，阿布變成什麼都不怕、還不會說話的學步兒。毛怪的好朋友大眼仔——後來由比利．克里斯托（Billy Crystal）配音——一直到劇本雛型完成一年多之後才加入。替這個複雜的世界訂出規則的過程中，道格特也曾走進數不清的死胡同，到最後，這些經驗帶領故事走向了正確的道路。

「發展故事的過程是一種發現，」道格特說。「不過你走向不同道路時，一定要有一個指導原則。《怪獸電力公司》的各種劇情都讓人有解決問題之後苦樂參半的感覺，像是毛怪把阿布帶回人類世界的任務。解決問題的過程很辛苦，但是最後你會對它產生感情，它消失後你會想念。我知道我想表達那種感覺，最後終於成功呈現。」

雖然過程困難、費時，道格特和他的團隊從來不相信一次失敗的嘗試，就代表他們**已經**失敗。相反地，他們知道每一次嘗試都引導他們接近更好的選擇，這讓他們每天能夠開心地投入工作，即使眼前仍然一團混亂。這就是關鍵：如果把實驗看成必要的過程，不是無謂地浪費時間，大家就會樂於工作，即使工作十分困難。

這裡描述的原則就是所謂的「反覆試驗法」，在科學界已有公認的價值。遇到問題，科學家建立假設、測試、分析，然後得出結論，接著又重來一遍。背後的道理很簡單：實驗是為了找出事實，幫助科學家漸漸發掘真相。這代表**任何**結果都是好結果，因為它帶來新訊息，如果實驗結果證明最初的理論錯誤，早點發現總比沒發現好。有了新的事實根據，你就可以重新建構要問的問題。

這種概念在實驗室比在商場上更容易被接受，只要在營利的環境，無論是創作藝術或開發新產品，都相當複雜、昂貴。在皮克斯，我們想述說最能打動人心的故事，所以如何評估我們的嘗試、得到結論？如何確定哪一個效果最好？我們如何暫時拋下非成功不可的念頭，找出帶領電影前進、能夠真正打動觀眾的故事情節？

有些人認為只要審慎思考、一絲不苟、計畫周詳，以及考慮所有可能的結果，就能避免犯錯，創造出持久的產品，事實卻非如此。請注意，若想在採取所有行動前就設計好每一步，也就是相信緩慢、審慎的計畫能避免失敗，那麼你就是在自我欺騙。首先，複製既存的事物比較簡單，所以如果目標是制定出完善的計畫，你很可能不願創新。而且，我們不可能事先計畫如何解決問題。規畫雖然重要，我們也經常規畫，但是在講求創意的環境，你能控制的因素有限。我發現**花很多精力思考、堅持不能太早行動的人，犯錯的頻率和直接動手做的人差不多，過度計畫的人只是得花更多時間（而且在事情無可避免地出錯時，會覺得更挫敗）**。此外，你花愈多時間計畫，就愈有可能投注情感，遇到挫折也更難掙脫，無法在必要時朝不同方向前進，而那經常正是你必須去做的事。

投入數百萬美元的計畫要喊停，該怎麼辦？

當然，有一些領域不容許犯錯，例如航空公司追求近乎完美的飛航安全紀錄，必須盡可能移除所有失誤的可能，包含引擎製造、裝配、維護，以及安全檢查和飛航規則；醫院也制定詳盡的保障措施，確保醫生替對的病人、在正確的位置、為正確的器官動手術；銀行也有許多規範；製造商要求生產線零失誤；許多行業設定零事故傷害的目標等等。

但是，僅僅因為「零失誤」在某些行業至關重要，不代表應該成為所有行業的目標。在創意領域，零失誤的概念不僅沒有價值，還會適得其反。

失敗可能要付出很大代價。製造出糟糕的產品、遭受公眾批評，都會使公司的聲譽受損，也可能傷害員工的士氣。所以我們努力降低失敗的成本，從而減輕失敗的壓力，例如建立一套系統，讓導演可以花好幾年發展電影，這個階段重做和探索的成本都比較低。（在這個階段，我們付薪水給導演和編劇，但是不把任何資金投入製作，那是成本暴增的階段。）

探索過程遇到小挫折是一回事，如果遇到嚴重的問題呢？已經投入數百萬美元並對外宣布的計畫，卻必須喊停，又該如何面對？這發生在我們幾年前製作的一部電影。那部電影的點子很棒，來自我們很有創意也很可靠的同事（不過從未執導過電影長片）。故事是關於地球上僅存的兩隻藍腳蠑螈，一雌一雄，科學家讓牠們配對，希望這個物種不會滅絕，但是這對藍腳蠑螈完全無法相處。他介紹這個想法時，我們都讚不絕口。這個故事就像《料理鼠王》，都是頗具挑戰的概念，但如果處理得當，可以預見會是很精彩的電影。

當時莫里斯和我正好在思索皮克斯的成功是否使我們過度自滿。我們提出的問題包括：我們是不是為了管理製作過程、讓過程更有效率，因而建立了不必要的習慣和規則？我們是否愈來愈懶散，甚至一成不變？我們每一部電影的預算是否無緣無故愈來愈高？我們想找機會改變，找回皮克斯剛成立時努力奮鬥的能量，而這部電影的計畫似乎符合條件。開始製作之後，我們決定把這部電影當成實驗，從外部引進想法不同的新人，讓他們重新思考整個製作過程（同時提供經驗豐富的團隊從旁協助）。我們把他們放在離工作室兩條街外的地方，盡量不讓他們和會鼓勵他們採用現狀的人接觸。除了製作令人難忘的電影，我們也想挑戰並改善流程。我們把這項實驗稱為「培育計畫」。

公司內部有些人質疑這個做法，但是大家都贊同背後的理由。史坦頓後來告訴我，他從一開始就擔心這個團隊太孤立，他覺得我們急於改變既有的做法，導致低估同時施行這麼多改變會造成什麼影響。這就好比找來四名有才華的音樂家，讓他們自己摸索，希望他們能變成披頭四。

但是我們當時沒能看得那麼清楚。這部電影的概念扎實，我們向媒體介紹新電影時，他們的反應也很熱烈。如同電影網站「Ain't It Cool News」熱情報導的：電影主角還是隻蝌蚪時就被抓到，住在實驗室的籠子裡。牠可以看到牆上有一張流程圖，列出牠們的交配儀式。孤單的牠日復一日練習那些步驟，等待科學家替牠捕捉到女朋友。可是牠看不到第九個、也是最後一個交配儀式，因為被實驗室的咖啡機遮住，那才是奧祕所在。

電影介紹引發很多談論，一般都認為這是經典的皮克斯電影，另類、詼諧，同時討論有意義、讓人感同身受的概念。但是我們不知道，在製作過程中故事陷入了泥淖。劇情有了開端，我們的主角願望實現，科學家在野外幫牠捕捉到另一半，帶回實驗室，但是這對不和睦的蠑螈回到大自然後，劇情就開始瓦解。這部電影卡住了，即使得到許多建議，情況也不見好轉。

我們一開始沒發現這個問題，因為團隊被隔離在外。我們評估進展時，一開始感覺都很順利，導演視野清晰，團隊熱情、努力，但是他們不知道電影發展的頭兩年應該不斷測試、強化故事，就像煉鋼一樣，而且他們需要做決策，不能只有抽象的討論。雖然團隊成員都希望成功，電影卻陷入假想和可能性的困境。借用史坦頓的比喻，每個人都在划船，船卻沒有前進。

我們指派皮克斯的資深製作人從旁協助，他們向我們回報狀況，不過為時已晚。皮克斯會投資非凡的理念，我們也在這項計畫中這麼做。我們沒有考慮更換導演，因為故事是他的，沒有他，我們不可能完成。因此在二〇一〇年五月，我們以沉重的心情決定中止這項計畫。

也許有些人看到這裡，會認為我們一開始決定製作這部電影就是個錯誤。缺乏經驗的導演、未完成的劇本，聽起來就不對勁。我們很容易事後諸葛地說：光是這些因素就應該足以在一開始就勸阻我們。但是我不同意。雖然我們花了時間和金錢，這還是很有價值的投資。我們學會如何平衡新舊觀念，也發現我們應該明確地讓皮克斯的主管了解我們做決策的理由。這些教訓後來對我們採用新軟體、改變部分技術過程很有幫助。實驗也許可怕，但我們更應該擔心過度規避風險，許多企業就是因此不願創新、拒絕接納新想法，這是偏離市場的第一步。企業是因此而走下坡，不是因為他們勇於挑戰、冒險和失敗。

想成為真正有創意的公司，就必須做可能失敗的事。

最有能力與經驗的人要負起傳承的責任

雖然談論這麼多接受失敗的理由，不過一部電影或是任何創意計畫如果沒有以合理的速度改善，那就有問題了。假使導演設想一系列解決方案，卻沒有讓電影變得更好，很可能就代表他們無法勝任。

但是要在哪裡設停損點？犯多少錯誤算是太多？失敗是在什麼時候從必經的過程變成必須改變的警訊？我們信任智囊團能夠提供導演需要的所有建議和支持，但是有些問題仍然無法修復。在坦率不足以解決問題的時候，你要怎麼做？

這些都是我們遇到不同災難時面臨的問題。

我們是以導演與製片為主的工作室，意思是讓創意人主導我們的計畫。但是如果電影困住、出了問題，導演對解決問題也毫無頭緒，我們就必須更換導演或中止計畫。你可能會問：**如果每一部電影一開始都很糟，皮克斯又是讓導演與製片、而不是智囊團做決定，那你們怎麼知道什麼時候該介入？**

我們的標準是，如果團隊對導演失去信心，我們就會介入。每一部皮克斯電影都有大約三百名工作人員，他們知道故事在站穩腳步前會經歷無數次調整和變化，製作團隊通常很寬容，知道一定會出問題，因此不會妄下定論，而是更努力工作。只要導演開會時站起來說：「這一幕有問題，我還不知道怎麼解決，但是我在想辦法，大家繼續努力！」團隊就會跟著導演到天涯海角。但是，如果問題不斷惡化，大家似乎都不願正視，或是只坐在那裡等待指示，劇組就會坐立不安。他們不是不喜歡導演，而是對導演完成電影的能力失去信心。所以我認為那是最可靠的指標。如果團隊茫然無頭緒，代表他們的領導人也是。

遇到這種情況，我們就得採取行動。至於採取行動的時間點，則要細心觀察電影有沒有卡住的跡象，以下是其中一個徵兆：智囊團開會三個月後，電影基本上沒什麼改變；這就不對勁了。你可能會說：「等一下，你剛才不是說導演**不一定**要採納智囊團的建議！」沒錯，但是導演必須想辦法解決智囊團提出的問題，因為智囊團代表觀眾，如果他們有困惑或不滿，觀眾也可能有同樣感覺。皮克斯讓導演領導團隊，代表導演必須帶領團隊前進。

但是**在創意環境中，任何失敗都是很多人的失敗，不是一個人的**。如果你領導的公司出問題，任何錯誤都是你的失誤。此外，如果沒有從挫折中學習，就是錯失大好機會。任何失敗都有兩個部分：第一是失敗本身，以及伴隨而來的失望、困惑和羞恥；再來就是我們的反應。後者是我們可以掌控的因素，我們有沒有好好反省，還是把頭埋在沙裡？我們是否讓同事能夠安心承認事情出了問題，並從中學習，還是我們尋找罪魁禍首，不願討論？失敗提供成長的機會，我們不能錯過這些機會。

不過，究竟如何從失敗中獲益？災難發生時，我們都有決心反躬自省。我們挑選有才華、有創意的人來帶領這些計畫，卻依然失敗，所以我們顯然做錯了些什麼，導致他們難以成功。有些人擔心這麼大的災難代表我們的能力也出了問題。這點我無法苟同。我們只是堅持電影的品質，如果沒有介入並採取行動，就等於放棄我們的價值觀。縱使歷經失敗，只要花時間重新評估、汲取教訓，就不算白白浪費。

因此在二〇一一年三月，皮克斯總經理莫里斯在公司外召開會議，有大約二十名工作室的製片和導演參加會議，議程主要討論：我們為何接連出現這麼多問題？我們沒有打算指責任何人，而是希望凝聚創意主管的力量，找出導致我們誤入歧途的關鍵。

會議一開始，莫里斯首先感謝大家前來，並提醒眾人我們為何聚在這裡。他說，如果想繼續成功，最重要的就是開發新電影、培養新導演，但是我們顯然做錯了什麼。我們一直想辦法提高電影產量，卻遇到障礙。他說，接下來兩天，我們的目標是找出我們遺漏了什麼，並制定計畫創造我們欠缺的東西，加以落實。

在場沒有一個人逃避自己在這些失敗中扮演的角色。他們沒有把問題歸咎別人，也沒有要求別人解決這些問題。從他們說出來的話，就能看出他們把這些問題當成自己的。有人問：「除了智囊團之外，有沒有其他方法，能讓導演更了解情感起伏的重要？」另一個人則說：「我應該好好和其他人分享我的經驗。」我真心以他們為榮，他們承認問題，覺得自己有責任找出解決方案。即使我們出現嚴重的問題，但這種願意為了公司捲起褲管走進泥沼裡的文化，卻感覺比過去都要更鮮明。

我們一起分析我們為何做出錯誤的決定。在尋找導演時，我們是否忽略什麼必要條件？更重要的是，我們為什麼沒有幫助導演充分準備好，就讓他們挑起艱鉅的工作？我們說過多少次：「我們不會讓導演失敗。」卻依然看著他們失敗？我們討論到前幾部電影的導演——拉薩特、史坦頓、道格特——都沒有接受過正規訓練，而是自己摸索出當導演的方法，導致我們沒有發現這是相當罕見的情況。我們談到史坦頓、道格特、安克里奇都在拉薩特身邊工作多年，吸收他的經驗（像是做決定要有魄力），以及學習他如何集結眾人力量整理想法。史坦頓和道格特最早跟隨拉薩特的腳步前進，過程中雖然遇到挑戰，最後仍然成就驚人。我們假設別人也像他們一樣，但是我們不得不面對現實：公司規模愈來愈大，我們的新導演很難有那種學習經驗。

我們找出有潛力擔任導演的同事，列出他們的長處和弱點，並具體寫下我們該如何指導、支持他們和傳授經驗。雖然歷經失敗，我們還是不想選擇「安全」的路徑。我們了解創意和領導一定有風險，有時要把鑰匙交給在傳統觀念中不適合擔任電影導演的人，然而眾人都同意，在做這種不符慣例的決定時，我們需要更好的框架、更明確的步驟來訓練這些人。我們決定創立正式的指導計畫，讓其他人獲得道格特、史坦頓、安克里奇從拉薩特身上得到的經驗。日後，每一名經驗豐富的導演每週都會檢視指導對象的進度，在他們構思電影時給予實用的建議。

後來我和史坦頓聊起這場會議時，他說出了我認為深具意義的一個重點。他告訴我，他認為他和其他有經驗的導演有責任指導同事，這應該是他們工作中很重要的一部分，即使他們仍然持續拍攝自己的電影。他說：「**我們的最終目標應該是找到一種方法，教導別人如何帶領團隊製作出最好的電影**，因為我們有一天一定會不在。華特．迪士尼沒有這樣做，他不在之後，迪士尼動畫萎靡了十五、甚至二十年。把經驗傳授給其他導演，即使我們不在了，他們也能做出明智的決定，這才是真正的目標。」

公司裡最有能力的人不正是最好的導師？我指的不只是正式的研討會，我們的一舉一動，無論好壞，都是仰慕與尊敬我們的人的榜樣。我們有沒有思考如何幫助他們學習、成長？身為領導人，我們應該把自己視為導師，努力創造重視知識傳授的環境。我們有沒有把大多數行動當成傳授經驗的機會？領導人不只要獎勵能提升股票價格的人，也要鼓勵能提振人心的員工。

信任是驅除恐懼最好的工具

失敗的影響並非只是理論，我們了解失敗，就能移除創意的障礙。其中最大的障礙就是恐懼。失敗雖然一定會出現，卻不該有恐懼。所以，我們的目標是不要把恐懼和失敗連結在一起，創造讓員工不畏懼犯錯的環境。

但是如何做到這一點？公司往往向主管傳遞矛盾的訊息：培養你的團隊，幫助他們成為對公司有貢獻的人，哦，對了，還要確保一切運作順暢，因為我們資源有限，而且企業的成功取決於你的團隊是否能在期限和預算內完成工作。批評別人過度管理很容易，但是我們必須承認，我們時常讓他們左右為難，如果必須在最後期限和定義沒那麼明確的「培養人才」之間作選擇，所有人都會選擇最後期限。如果時間或預算的限制沒那麼嚴格，我們才會提醒自己要投注更多時間培育人才。但是現實的壓力往往無法讓我們鬆懈，導致壓力更大、犯錯空間更小，以至於主管不是希望嚴格掌控一切，就是讓一切都看似在他們的掌控之下。

然而把控制當成目標，可能對文化產生不利的影響。例如，我認識很多主管痛恨在開會時聽到出其不意的消息，他們清楚讓員工知道，他們希望事先私下得知所有訊息。在很多工作場所，如果有人在其他人面前讓主管感到意外，就是不尊重的表示。但是這代表什麼意思？意思是開會之前要先開會，會議便開始流於形式，等於浪費時間。員工如履薄冰，恐懼在公司蔓延。

讓中階主管容忍問題和意外的訊息，且不會感覺受到威脅，是我們最重要的工作之一。他們已經感受到壓力，覺得自己如果搞砸了，就必須付出很大代價。我們如何讓他們改變思考做事程序和風險的方式？

恐懼的解藥是信任，我們都希望在不確定的世界找到可以信賴的事物。恐懼和信任都是強大的力量，雖然並非完全對立，但是信任是驅除恐懼最好的工具。如果想做從來沒有做過的事，害怕是必然。**信任他人不代表信任他們不會犯錯，而是代表他們犯錯時，你相信他們會積極解決問題。**恐懼可能迅速出現，信任卻不能。領導人必須以行動證明，正面回應失敗。皮克斯的許多團隊曾同心協力解決問題，例如智囊團，那就是我們建立互信的方式。只要真誠、有耐心、言行一致，信任就會出現。

管理階層對員工必須坦率，許多主管傾向對員工保密，我認為這是錯誤的本能。主管的預設態度不該是保密，而是仔細衡量保密和坦率的風險。如果你的直覺是保密，等於告訴別人他們不值得信賴；如果你很坦白，就是告訴員工你信任他們，無需害怕。而根據我的經驗，員工不太可能洩漏你向他們透露的資訊。

皮克斯的員工很擅長保守祕密，這點非常重要，電影工作室必須在準備充分後，按照策略公布概念或產品。拍攝電影的過程相當混亂，我們需要坦率地討論這種混亂，但是不讓公司外部知道。透過和員工分享敏感的問題，能讓他們成為合作夥伴，他們就不會讓彼此失望。

你的員工很聰明，這也是你雇用他們的原因。你必須把他們當聰明人對待，他們知道你什麼時候在傳遞包裝過的訊息。主管提出計畫，卻不讓員工知道原因，他們會懷疑「真正」的用意是什麼，也許根本沒有，但是你會讓他們有這種感覺。討論解決方案時，重點要放在解決的辦法，不是事後批評。別人會感受到你是否誠實。

皮克斯獨有文化：容許、甚至預期會犯錯

皮克斯的管理發展部經理傑米．沃爾夫（Jamie Woolf）安排了一項指導計畫，把有經驗的主管和新上任的主管搭配在一起。這項計畫的重點，就是兩名主管要一起工作八個月，討論關於領導

的所有層面，包括職涯發展、建立信心、管理人事的挑戰和如何建立健全的團隊。我們希望他們培養出深厚的關係，能夠分享恐懼和挑戰，一起思考外部和內部的問題，共同探索管理技巧。換句話說，就是建立信任。

除了指導幾名主管之外，我每年也向整個團隊發表談話。我在談話中提到第一次到紐約理工學院擔任主管時，完全不覺得自己是主管。我雖然喜歡管理，但每天去上班時仍會覺得自己像騙子。皮克斯剛成立時，我擔任總裁，那種感覺依然沒有消失。我認識很多公司總裁，也了解他們的個性，他們積極、非常有自信，我知道我沒有那些特質，更覺得自己在騙人。老實說，我很擔心失敗。

直到大約八、九年前，這種冒名頂替的感覺終於消失，這要歸功於我們雖然經歷兩次失敗，卻依然製作出成功的電影；還有《玩具總動員》上映後，我決定再次對皮克斯與皮克斯的文化負起責任；而我和賈伯斯、拉薩特的關係也日益成熟。坦白招供後，我問大家：「**你們**有多少人覺得自己像騙子？」場內每個人都舉手。

身為主管，我們一開始都有些不安。剛上任時，我們想像工作是什麼模樣，但是工作從來不是我們想像的那樣。**訣竅在於忘掉我們覺得自己「應該」變成的模樣**。衡量我們成功較好的方式，是觀察團隊的合作方式，看看他們能否合力解決重大問題。如果答案是肯定的，就表示你管理得很好。

新手導演也時常對工作抱持不切實際的想法，即使曾在經驗豐富的導演身邊擔任助手，也在過程中展現管理才能，真正得到工作之後，卻發現和自己想像中的不一樣，這種感覺很可怕。第一次擔任導演的人不但從來沒有面對過這些責任，也因為皮克斯成功的紀錄而壓力倍增。皮克斯的導演都擔心自己會製作出第一部失敗的電影，打破連續賣座的紀錄。皮克斯的資深編劇兼配音員彼得森說：「壓力確實存在，你不想當第一枚炸彈，你希望把壓力當成助力，讓你能說：『我要做得更好。』但是你擔心自己找不到答案。成功的導演要能放鬆，讓點子從壓力中誕生。」

彼得森開玩笑說，要紓解這種壓力，皮克斯應該故意製作差勁的電影來「糾正市場」。我們當然不會做這種事，但是他的想法促使我思考，我們能不能想辦法向員工證明，我們不會指責失敗的人？

我們不只容許、甚至**預期**犯錯的觀念，形成皮克斯獨特的文化。再以《玩具總動員3》為例，我提過這是皮克斯製作過程中唯一沒有出現大問題的電影，《玩具總動員3》上映後，我時常在公開場合稱讚團隊在製作影片期間沒有引發危機。

你可能以為《玩具總動員3》的製作團隊會很高興我這麼說，事實卻非如此。因為我太常在皮克斯提到失敗是必然的觀念，《玩具總動員3》的團隊反而覺得我是在批評他們，認為那代表他們不像其他製作團隊一樣嘗試新挑戰，意思是他們不夠努力。我完全沒那個意思，但我不得不承認他們的反應讓我很開心，證明皮克斯的文化十分健康。

正如史坦頓說的：「如果電影一開始不是問題兒童，我們反而會緊張。我們能夠辨識出發明、原創的徵兆，也開始喜歡『我們從來沒有碰過這麼難對付、不按牌理出牌的問題』這種感覺。這是我們熟悉的領域——就好的方面來說。」

我們不該想辦法避免所有錯誤，而且要假設員工希望把事情做好（事實的確如此）、希望解決問題。讓他們承擔責任，容許錯誤；如果發生錯誤，就放手讓他們去解決。**恐懼必然事出有因，我們的責任是找出原因並加以糾正。主管的責任不是預防風險，而是建立從挫折中恢復的能力。**

| 第 7 章 |

野獸和醜寶寶

一九八〇年代末到一九九〇年代初，動畫界始祖迪士尼製作出一連串賣座電影，包括《小美人魚》、《美女與野獸》、《阿拉丁》、《獅子王》。我常聽見伯班克迪士尼總部的高層主管們說：「你得餵野獸吃東西。」

你可能記得皮克斯曾經和迪士尼簽約，替他們編寫電腦動畫製作系統 CAPS，目的是繪製和管理動畫透明片。我們在迪士尼製作《小美人魚》時開始編寫 CAPS，所以我等於坐在最前排，見證迪士尼工作室因為電影成功而擴張，所以必須製作更多電影，以證明員工數量增加很合理，並讓他們有事可做。換句話說，我親眼目睹迪士尼野獸的誕生。我說的「野獸」是指規模龐大的團隊，需要不停餵食材料和資源才能運作。

發生這些事並非偶然，理由也很正當。華特・迪士尼去世後，迪士尼進入漫長的休耕期。迪士尼公司執行長艾斯納和迪士尼工作室的董事長卡森柏格決心復甦動畫，迪士尼的動畫藝術因此蓬勃發展，吸引許多傳奇藝術家。有些已經在工作室幾十年，有些是後來聘請的優秀人才。他們製作的電影不僅替公司帶來龐大收益，也很快成為流行文化指標，促使動畫迅速發展，也使皮克斯得以製作《玩具總動員》。

但是每一部迪士尼電影的成功也創造更多渴望。工作室的基礎設施隨著服務、行銷、宣傳電影而漸漸擴展，他們不能閒置員工，所以得製作更多電影。如果當時你去問迪士尼的員工，應該沒有人會告訴你動畫電影是以生產線製造的產品，儘管「餵養野獸」的術語就包含這種想法。這些高水準的製作團隊絕對令人敬佩，但是野獸很強大，即使最敬業的人也可能被擊潰。為了配合野獸的胃口，迪士尼必須在伯班克、佛羅里達州、法國和澳洲設立動畫工作室，在短時間內創造出作品成了最重要的任務，這種情況不僅是在好萊塢，在很多公司都會發生，最後的結果都一樣：整體品質降低。

《獅子王》在一九九四年上映，全球總票房收入達到九億五千兩百萬美元，工作室卻漸漸衰敗。一開始大家都摸不著頭緒，領導階層雖然有一些變化，但是大部分人都還在，迪士尼的人才依然渴望製作很棒的電影。這段乾旱期持續了十六年，從一九九四年到二〇一〇年，沒有一部迪士尼動畫電影上映時成為票房冠軍。我認為這是因為迪士尼員工認為自己的職責是餵養野獸。

我發現這個趨勢的最早徵兆之後，就很希望盡快了解背後隱藏的因素。因為我知道皮克斯如果繼續成功，迪士尼動畫發生的事幾乎必然會發生在我們身上。

新創意很脆弱，需要保護

獨創性很脆弱，而且一開始通常不太好看，所以我說電影的早期版本是「醜寶寶」，它們不是日後美麗模樣的縮小版，而是尷尬、不成熟、脆弱、不完整的作品。我們需要以時間和耐心呵護，讓它們茁壯成長。意思是它們很難與野獸共存。

一般人不太能接受醜寶寶的觀念，很多看過並喜歡皮克斯電影的觀眾，以為電影剛出現時就能打動人心、深具意義。事實上，走到那一步需要好幾個月、甚至好幾年的努力。如果你坐下來看我們電影的早期動態腳本，絕對知道我在說什麼。我們總會忍不住拿早期的動態腳本和完成的電影相比，用成熟電影的標準判斷眼前的作品。我們的任務就是保護新電影，不要讓它太快被下定論。

在繼續討論之前，我想講一下「**保護**」的定義。我擔心這個名詞的含意如此正面，似乎暗示任何事物都值得保護，事實並非如此。例如，在皮克斯內部，製作部門會想辦法保護讓他們自在、熟悉，但是沒有意義的做事程序；法律部門則是出了名的過度保護公司，不讓公司受到任何可能的威脅；行政官僚往往希望保護現狀。在這些情況下，**保護**代表墨守成規，不想破壞現有的規矩。隨著企業愈來愈成功，保守勢力可能愈來愈強大，把太多能量放在保護目前為止可行的事物上。

我主張保護新事物時，所指的是不太一樣的保護。我的意思是原創的想法一開始可能看似笨拙而模糊，但也和既定與根深柢固的想法正好相反，而這也是它們**最令人振奮**之處。在如此脆弱的狀態下，如果讓看不到潛能、或缺乏耐心讓它進化的反對者知道，它們很可能就會遭到破壞。我們的任務之一就是保護這種新點子，不讓它被不了解的人摧毀。成功的作品一定會經歷不成功的階段，就像蛻變成蝴蝶的毛毛蟲，因為有繭的保護才能生存，不會被野獸破壞。

皮克斯第一次和野獸奮戰是在一九九九年，當時我們剛推出兩部成功的電影，並開始製作第五部電影《海底總動員》。

我記得史坦頓第一次提出這個關於小丑魚馬林尋找牠被抓走的兒子尼莫的故事。那時正值涼爽的十月，一群人擠在會議室裡聽取史坦頓精彩的簡報。他描述電影會以倒敘手法解釋尼莫的父親為什麼過度保護兒子（史坦頓說是因為尼莫的媽媽和兄弟姊妹都被一條梭魚殺害）。史坦頓站在會議室前方，把兩個故事編織在一起：尼莫被潛水員捉起來後馬林英勇的搜救過程，以及尼莫在雪梨水族館和一群名為「魚缸幫」的熱帶魚在一起發生的故事。史坦頓希望探討父子關係裡追求獨立的過程，故事聽起來很有趣。

簡報完成後，會議室一片寂靜，拉薩特說出所有人的心聲：「你一說到魚，我就買帳了。」

此時，製作《玩具總動員2》的恐怖經歷仍然籠罩在我們的回憶中。那時我們不斷趕工、瀕臨崩潰，那對員工和公司都很不健康。製作《怪獸電力公司》時，我們發誓絕對不能重蹈覆轍。我們的確做到了，但是《怪獸電力公司》最後花了將近五年才完成。從那時起，我們就不斷想辦法改善程序，後來發現，很大一部分成本來自我們似乎不停在修改劇本，即使已經開始製作。如果可以一開始就確定故事，電影不但更容易製作，也不用花那麼多錢。所以這成為我們的目標：在開始製作電影**之前**就確定劇本。聽完史坦頓精彩的簡報，我們認為《海底總動員》似乎是可用來測試這個新理論的完美計畫。我們批准《海底總動員》的製作，相信早一點確定故事不僅能製作出很棒的電影，也能讓製作過程更具成本效益。

現在回想起來，我發現我們不只希望更有效率，也想避免混亂的創作過程。我們要消除錯誤，同時有效率地餵養野獸，當然，這根本不可能辦到。還記得史坦頓提案時我們很欣賞的倒敘手法嗎？動態腳本做出來後，我們發現那部分很令人困惑。安克里奇在智囊團會議上率先指出那部分很難懂、過於模糊，他建議採用直線的敘事結構。史坦頓嘗試之後，發現意想不到的好處。原本馬林讓人感覺冷漠無情、很不討喜，因為我們過了很久才知道他為什麼那麼讓小孩透不過氣。現在，按照時間順序敘述，馬林變得討人喜歡、令人同情。此外，史坦頓發現把兩個同時發生的故事編織在一起，遠比他想像中複雜得多。「魚缸幫」的故事原本打算作為主線，卻變成次要情節。這些只是製作過程中許多無法預見的問題中的兩個，我們事先決定故事和優化製作過程的目標隨之瓦解。

儘管我們希望藉由《海底總動員》改變製作方式，最後還是像其他電影一樣做了很多調整。當然，結果很成功，《海底總動員》是二〇〇三年票房亞軍，並創下動畫電影最高票房的紀錄。

它唯一**沒做到**的是改變我們的製作過程。

我當時的結論是，在製作前確定故事仍是值得追求的目標，只是我們還沒有達成。但是製作更多電影之後，我開始相信這個目標不僅不切實際，也太天真。堅持一開始就安排妥當，很可能執迷不悟、不願改變，反而很危險。讓製作過程更順利、輕鬆、省錢雖然很好，我們也不斷努力去做，但**那不是目標**，製作很棒的電影才是。

我時常在其他公司看到這個問題——優化過程或增加產能取代了終極目標。大家都認為自己在做對的事，其實已經偏離方向。如果效率或工作流程沒有同樣強大的力量加以平衡，結果就是新點子——我們的醜寶寶——得不到關注和保護，無法發光、成熟。不是被遺棄，就是根本無法誕生。重點會被放在複製證實能賺錢的計畫，只為了做事而做事（例如《獅子王2：辛巴的榮耀》上映後六年，迪士尼在二〇〇四年發行《獅子王3：哈庫納．馬塔塔》的錄影帶續集）。這種思考方式可以餵養野獸，卻導致缺乏創意，阻止靈感自然醞釀。

產能需求（野獸）與創意需求（醜寶寶）間的平衡訣竅

野獸和寶寶似乎黑白分明——野獸很壞、寶寶很好——其實並非如此。野獸貪吃，卻是寶貴的動力；寶寶純潔乾淨、充滿潛力，但是也很需要關愛、無法預測，可能讓你夜裡無法成眠。關鍵是讓野獸和寶寶和平共處，那需要維持不同力量的平衡。

如何平衡這兩種看似格格不入的力量？野獸的食欲似乎必然超越寶寶的需求，因為我們可能好幾個月都無法確知寶寶真正的價值。如何抵擋野獸、遏制它的胃口，同時不讓公司處於險境？所有公司都需要自己的野獸，野獸的飢餓可以被解釋為工作期限和緊迫性，那是好事，只要它安分守己就好，但這正是困難之處。

我們往往把野獸想像成貪婪、固執、無法控制、沒有思考能力的生物。但是事實上，任何製造產品或追求利潤的群體都是野獸的一部分，例如行銷和銷售。每個群體都根據自己的邏輯運作，其中很多都毋需為品質負責，也不了解自己對品質的影響。那不是他們的問題，他們在乎的是維持運作、帶來利潤。每個群體都有不同的目標和期望，並根據這些目標和期望運作。

野獸往往需要大量關注，獲得過多權力，原因是它占據公司成本很大一部分。公司的利潤有很大部分取決於如何有效使用人力，例如汽車工廠的生產線員工，不管生產線是否運作，都要領薪水；無論當天有多少人上網購物，亞馬遜公司的倉管人員都會上班；動畫公司的燈光和渲染專家必須等別人完成某個特定鏡頭上的任務，才能開始工作。假使效率不佳，導致任何員工要等待太久，或如果大多數員工都沒有全力以赴，公司很可能由內往外被問題吞噬。

所以解決方案是餵養野獸，占據野獸的時間和精力，讓它發揮作用。不過，即使你這樣做，野獸也永遠不會滿足。成功只會引發再次成功的壓力，這就是為什麼在很多公司，驅動產量的是時間表（對產品的需求），而非前端的點子的力量。但是問題並非出在形成野獸的團隊或部門，他們只想把自己該做的事做好。儘管出發點是對的，結果卻令人擔憂，因為餵養野獸變成最重要的任務。

當然，不是只有動畫工作室或電影公司會出現野獸，所有和創意有關的公司都無法倖免，包括科技公司、出版公司和製造業。但是所有野獸都有一個共通點——負責管理野獸的人通常是公司最有條不紊的人，這些人本來就是要讓事情按部就班且符合預算，因為這是主管的期待。如果他們或他們關注的事物變得太重要，又沒有充分的反對力量能保護新點子，事情就會出錯。公司會被野獸控制。

防止這種問題的關鍵是平衡。我認為公司裡不同部門之間的互相讓步，是成功的核心。所以我說馴服野獸，真正的意思是讓野獸的需求和公司其他創意層面的需求保持平衡，那會讓公司的體質更健全。

例如，動畫工作室是由不同部門組成，像是故事、藝術、預算、技術、財務、製作、行銷，以及周邊商品。不同部門都有自己的優先順序，而且往往互相牴觸。編劇和導演想述說最感人的故事；藝術指導追求美麗的畫面；技術指導希望特效完美無瑕；財務要控制預算；行銷希望情節懸疑、吸引觀眾；負責周邊產品的團隊要把有趣的角色變成絨毛玩具，或是印在便當盒和T恤上；製作主管希望整個團隊不會失控……等等。每一個團隊都把重點放在自己的需求上，沒有人清楚知道他們的決定會如何影響其他團隊。每一個團隊都想實現自己的目標。

尤其在剛開始製作的前幾個月，這些目標——其實在製作電影中是次要目標——往往比電影本身容易表達和解釋。可是，如果讓導演隨心所欲，可能製作出長度太長的電影；如果交由行銷人員決定，只會出現和過去差不多的作品，也就是觀眾覺得熟悉、但缺乏創意的電影。每一個團隊都努力把事情做好，卻朝著不同方向前進。

如果任何一個團隊「贏了」，我們就輸了。

在不健全的組織文化中，每個團隊都會覺得，如果自己的目標贏過其他團隊的目標，公司就會變得更好；假使是在健全的文化中，所有團隊都會了解平衡不同目標的重要，他們希望自己的聲音受到重視，但是不會追求勝利。他們和其他團隊的互動——當有才能的人被賦予清晰的目標時，會自然發生的妥協與退讓——會創造出我們要的平衡，但先決條件是他們明白達到平衡是公司的主要目標。

雖然平衡的概念聽來很棒，卻無法表達真正達到平衡的狀態。我們心中的平衡形象往往有些扭曲，因為我們把它和靜止不動畫上等號，就像瑜伽用一條腿站立的靜止姿勢。但我認為平衡應該近似於運動，例如打籃球時轉身過人、美式足球的跑鋒衝過防守陣線，或是衝浪時追到一陣浪，都是面對快速變化環境時極度有活力的反應。電影製作的過程瞬息萬變，迪士尼的導演拜倫·霍華德（Byron Howard）就曾告訴我：「我們應該預期製作電影有很多問題，就像有人對你說：『來照顧這頭老虎，但是要小心你的屁股，牠們很不好惹。』那麼如果我**預期**老虎會不好惹，我想我的屁股會比較安全一點。」

導演柏德也認為無論是動畫工作室或唱片公司，創意組織就像生態系統。他說：「如同生態系統，我們需要四季，也要有暴風雨。如果認為完全沒有衝突才是最佳狀態，就像是說晴天才是最好的。但如果每一天都只有陽光，沒有雨水，萬物就無法生長。而如果永遠陽光普照，連夜晚都**沒有**，一切事物就不會出現，地球也會乾涸。關鍵是把衝突看成**不可或缺**的元素，因為那能幫助我們鍛鍊出最好的點子。我們不能只有陽光。」

管理階層的任務就是幫助大家把衝突視為好事，是達到對大家都有利的平衡的途徑。這是份永無休止的工作，優秀的管理者必須不停檢視有沒有失去平衡的地方，例如皮克斯雇用更多動畫人員，幫助我們製作高品質的電影，但是這也使得會議規模變得太大，員工的參與感降低（他們可能感覺不到自己的價值）。所以我們建立規模較小的團隊，鼓勵部門和個人發表意見。管理者必須勤於關注，才能適時調整、重建平衡。

我在第四章提到開始製作《玩具總動員2》時，我們了解到我們完全不想建立的，是員工會被分成一流和二流團隊的文化，那是皮克斯發展的關鍵時刻。這聽起來也許不切實際，但是我們相信保持平衡相當重要。如果某些員工、部門或是目標凌駕一切，就不可能達到平衡。

你可以想像一片平衡板——有顆圓筒位於一片木板的下方正中央。要在腳下有圓筒在滾動的狀態下找到平衡，訣竅是用兩隻腳分別踩在木板兩端，然後慢慢移動重心。這就是管理兩股競爭力量最好的例子。我可以跟你解釋怎麼做、給你看影片，或是建議你各種方法，不過我永遠無法完整解釋**如何**辦到。你只能邊做邊學，讓你的意識和潛意識在動作中找出平衡的方法。有些事你只能靠著經驗學習，把自己放在不穩定的狀態中去體會。

我常說，創意公司的管理者必須「堅持初衷、輕持目標」，意思是保持開放的心胸，隨著取得新訊息或是發現新事物而改變目標。**只要初衷和價值觀保持不變，目標可以隨時根據需求轉變。**在皮克斯，我們不會改變標準，也就是製作原創、高品質的產品。我們願意調整目標，想辦法把事情做對（**不一定**第一次就做對）。這樣才能建立出保護新事物的文化，培養創意。

保護新點子，也要適時讓新點子脫離保護

多年來，我都有參與美國電腦繪圖暨多媒體國際研討會的委員會，負責閱讀、挑選在一年一度電腦繪圖大會發表的論文。這些論文所呈現的想法，應該要能推動這個領域的發展。這個委員會的成員都是在相關領域很有成就的人，我們非常重視這個任務。每一次開會，我發現會場似乎可以分成兩種人：一種人專門找論文的缺陷，並針對缺點攻擊論文；另一種人的出發點則是尋找、鼓勵好點子。「保護點子的人」看到缺點會輕聲指出，用意是改善論文，並非找碴。有趣的是，「論文殺手」並未意識到自己其實是為了別的意圖（我認為通常是為了讓其他人看到他們的標準有多高）。兩種人都覺得自己的動機是保護，但是只有一種人了解，最有價值的保護是尋找令人驚喜的

新點子。批評別人也許很有趣，但是**認可未經證明的點子、提供它成長的空間，才是更勇敢的作為**。

隔離不是保護新點子的好方法，雖然我很佩服把自己藏在繭裡的毛毛蟲，但是我不相信創意產品必須在真空狀態下開發（這也許是我們製作藍腳蠑螈電影犯的錯）。我知道有些人喜歡在打磨寶石的過程中把寶石隱藏起來，但是這反而無法好好保護員工免於傷害到自己，因為以往許多例子證明，有些人會拚命打磨磚頭。

在皮克斯，保護是指讓保護創意的人參與會議，那些人了解發展新事物的過程有多困難、短暫。保護代表支持員工，因為我們知道，只有讓他們能夠安心解決問題，最好的點子才會出現（記住：人比點子重要）。最後，保護不是永無止境，到了某個時間點，新點子必須配合公司的需求面對野獸。只要野獸無法橫行霸道，沒有影響我們的價值觀，野獸的存在就能推動我們前進。

到了一定的時間點，新點子必須脫離保護，交到別人手裡，這個過程通常非常混亂，也很痛苦。有一次，一名特效軟體工程師辭職後，寫了一封電子郵件給我，主要是抱怨兩件事。他說，首先，他不喜歡他得處理新軟體造成的許多小問題；其次是，他對於我們沒有在電影裡使用更多新技術感到失望。諷刺的是，我們**正在**電影中使用新軟體來執行一種重要的新技術，他的任務就是協助解決因而產生的問題。他遇到的混亂——也是他辭職的原因——就是嘗試新事物的結果。我很驚訝，他怎麼不明白，**要冒險就必須願意處理風險造成的混亂**。

所以，讓點子脫離保護的那一刻會在什麼時候出現？這有點像問鳥媽媽，牠怎麼知道什麼時候該把寶寶輕推出巢、怎麼知道寶寶有沒有力氣自己飛？寶寶會拍打翅膀、還是跌落地面？

事實上，我們製作每一部電影都遇到這個問題，好萊塢時常用「綠燈」來描述電影工作室正式決定一項計畫可以付諸實行的時刻（很多電影一直困在「發展過程的地獄」，從來沒機會讓觀眾看到）。但在皮克斯的歷史中，我們只開發過一部未完成的電影。

不過，我最喜歡的例子不是來自皮克斯電影，而是我們的實習生計畫。一九九八年，我認為公司會從推行一項暑期計畫中獲益，許多創意公司都這麼做。那可以讓聰明的年輕人到皮克斯工作幾個月，向有經驗的製作團隊學習。但是我向製作部主管傳達這個想法時，他們都說不用了，謝謝，他們對實習生計畫不感興趣。起初我以為是因為他們太忙，沒時間照顧、指導缺乏經驗的大學生。但是進一步探究後，我才明白阻力不是時間，而是經費。因為預算有限，他們不想支付實習生額外的費用，寧可把錢花在有經驗的人身上。他們的時間和資源都很有限，野獸的重擔壓在他們身上。他們的反應也是一種保護的形式，希望保護電影，把每一分錢花在讓電影成功的刀口上。但是這種心態對公司整體沒有好處，實習生計畫可以幫助我們尋找人才，並了解外人能否融入我們，甚至可以替公司注入活力，我認為是雙贏的做法。

我其實可以規定製作主管把實習生計畫納入他們的預算，但是這樣做反而會導致他們怨恨這個新點子。所以我決定以公司經費支付實習生費用，願意讓實習生加入的部門不用增加開支。第一年，皮克斯雇用八名實習生，分別安插在動畫和技術部門。他們渴望學習、工作勤奮、吸收快速，每一個到後來都參與真正的製作工作，其中有七名實習生畢業後回來加入皮克斯。這項計畫不斷成長，愈來愈多主管發現自己喜歡實習生年輕的能量。實習生不只減輕他們的工作量，在教導實習生的同時，我們也能檢視、改進自己的做事方法。幾年後，我們已經不用以公司經費資助實習生，大家都看到這項計畫的價值，願意把費用納入預算。換句話說，我們一開始必須保護實習生計畫，後來就不需要了。二〇一三年就有一萬人來爭取我們一百名實習生的職位。

無論是電影的核心想法還是剛出爐的實習生計畫，這些新事物都必須受到保護。一切如常的事則不需要，主管不用努力保護既有的想法或做事方式，系統已經對現有的事物有利，挑戰系統的人才需要支持。**主管要刻意保護未來，不是過去**。

這讓我想起皮克斯電影中一個我很喜歡的片段，出自《料理鼠王》。疲倦不堪、令人畏懼的美食評論家柯博，發表對於老鼠小米指導的食神餐廳的評論。這番令我感動的發言是柏德撰寫的，由偉大的彼得・奧圖（Peter O'Toole）配音。他說小米的才華：「挑戰了我對精緻美食先入為主的觀念……（也）徹底震撼了我。」直到今天，只要想到工作，我都會想到這段話。

柯博說：「就許多方面來說，評論家的工作很輕鬆。我們冒的風險很小，卻享有崇高地位，人們必須奉上自己和作品供我們議論點評。我們喜歡吹毛求疵，因為讀寫起來都很有趣。但我們評論家得面對的難堪事實，就是以全面性的觀點而言，我們大肆批評的平庸事物，可能比我們的評論更有價值。可是有時候，評論家真的得冒險去發現並且捍衛新事物。這世界對待新秀非常苛刻，新的創作需要支持。」

| 第 8 章 |

改變與偶然

我即將站在員工面前，深知等一下要說的話，可能會令他們擔心不已，那種感覺真的很可怕。二〇〇六年，賈伯斯、拉薩特和我召集所有員工，宣布迪士尼要買下皮克斯的那天，我內心就是那種感覺。我們的小工作室即將被大公司併購的消息一定讓很多人憂心忡忡。雖然我們訂立許多確保皮克斯獨立的保障措施，員工仍然可能擔心合併會影響我們的文化。我會在稍後的章節解釋保護皮克斯的具體步驟，但是我在這裡想討論的是，我因為急欲減輕同事的恐懼，便站起來向他們保證：「皮克斯不會改變。」

這是我說過最蠢的一句話。

接下來大約一年，只要我們想嘗試新事物或檢討既有的工作方式，驚慌不安的同事就會絡繹不絕地出現在我的辦公室，說：「你答應合併不會影響我們的工作方式。你說皮克斯永遠不會改變。」

類似事件發生太多次，我不得不召開另一場全公司的會議，跟大家解釋：「我的**意思**是，我們不會**因為**被大公司收購而改變。皮克斯還是會經歷原本就該經歷的改變，而且我們**一直**在改變，改變是好事。」

我很高興我有把事情講清楚，不過事實上並沒有。後來，我不得不再發表三次「我們當然會繼續改變」的談話，他們才終於聽進去。

導致許多人憂慮的改變和併購完全無關，而是業務拓展和公司演進的必要調整。我們不可能避免改變，無論你有多希望，但是你**不該**有這個想法，因為沒有改變，我們就無法成長和成功。

例如併購當時，我們正好在評估如何平衡原創電影和續集。喜愛皮克斯電影的觀眾希望看到更多設定在那些世界裡的故事，續集也更容易行銷、販售周邊商品。但是如果只製作續集，皮克斯會枯萎凋零。續集等於創意破產，我們需要不斷想出新點子，即使原創電影風險比較大。不過我們也知道續集的票房可以讓我們有更多餘裕承擔風險。因此，我們的結論是兩者兼顧，每年製作一部原創電影、每隔一年製作一部續集，也就是每兩年製作三部電影。聽起來似乎很合理，可以同時讓財務和創意保持健全。

當時皮克斯只製作過一部續集，也就是《玩具總動員2》，因為我們的決定在時間點上和合併很接近，導致很多人認為是迪士尼逼迫我們製作更多續集。事實並非如此，迪士尼根本沒有干涉。雖然我們當時就這樣解釋，但聽者還是抱持懷疑態度。

辦公室空間的問題也引發類似的困惑。為了滿足更密集的製作需求，我們雇用更多員工，皮克斯的辦公室很快就不夠用，需要更大的空間。所以我們租用幾條街外的附屬辦公室，讓《勇敢傳說》的製作團隊、以及正在開發新一代動畫軟體的工程師到那裡上班。不久之後，員工又開始出現在我的辦公室，問我們為什麼把軟體設計工程師跟除了《勇敢傳說》之外的製作團隊分開？為什麼要分開習慣坐在一起的故事和藝術部門？

總之，那段時間出現的大大小小問題，似乎都被歸因於合併：「你說不會改變！你沒有信守承諾！我們不想失去從前的皮克斯！」儘管事實上，我們執行的保護皮克斯文化的措施很**有效**，在我看來，甚至可以當成合併後保有公司文化完整性的典範，但抗議依然不時出現。員工很容易受影響，那會引發懷疑。我漸漸開始發現，很多員工把**任何**改變都視為一種對皮克斯做事方式的威脅，甚至會威脅到我們成功前進的能力。

很多人希望維持成功的故事、方法、策略。你找出一套方法，結果很成功，你就繼續用那種方法做事——許多致力於學習的組織就是這麼做的。隨著公司愈來愈成功，做事方式更受肯定，我們也就更抗拒改變。

此外，正因為改變難以避免，我們就會奮力守住已知的事物。可惜的是，我們經常無法區分什麼是有效而值得保留、什麼會形成阻礙而需要拋棄。大多數創意產業的員工都**相信**改變的重要，但是跟迪士尼合併之後，我發現害怕改變是很強大的力量，那是與生俱來、固執、不願理性判斷的恐懼。這讓我聯想到「大風吹」遊戲：我們執意留在已知「安全」的位置，直到確定有另一張椅子可坐。

在皮克斯，每個人的工作程序都和其他人密切相關，你無法讓每個人同時以相同的方式和速度改變，而且通常也沒必要這樣做。身為主管，我們要懂得分辨何時該堅守有效的方法、何時該探索好壞未卜的未知事物。

我們內心深處都知道，無論如何，改變一定會發生。有些人認為無法預測的事很可怕，我卻不這麼認為。在我看來，偶發事件不僅無法避免，也是生命美妙的一部分。正視、欣賞這些事件，可以讓我們在驚訝之餘，也能正面回應。恐懼導致我們尋求穩定，雖然感覺上比較安全，事實卻非如此。**我們可以從偶發事件中獲益，創意的基礎就是無法預測。**

《天外奇蹟》的探索之旅

皮克斯的第十部電影《天外奇蹟》是情感豐富的原創電影，也是改變與偶然很好的例子。這部電影是由道格特構思、執導，影評人讚譽為精心製作、情感真摯的冒險故事，極具機智和深度，但是電影在發展過程中不知道改編了多少次。

在第一個版本中，有一位住在空中城堡的國王，他有兩個兒子，兩人都想繼承王位。兩人的個性截然不同，完全處不來。有一天，兩個王子都掉落地面，只好四處遊蕩，想辦法回到空中城堡，後來一隻巨鳥出現，幫助他們了解對方。

這個版本雖然有趣，最後卻沒有成功，看過試映的人無法同情兩個被寵壞的王子，也不了解這個陌生、飄浮世界的規則。道格特回憶他當時不斷思索自己究竟想表達什麼。「我想表達一種感覺、一種生活經驗，」他說。「有時候我覺得自己快被這個世界淹沒，尤其在指揮三百人團隊的時候，因此我經常做關於逃離的夢，像是逃到熱帶島嶼，或是獨自穿越美國大陸。我想大家都能體會這種想逃離的感覺。一旦想清楚我想表達的，我們就有辦法改編故事，把這種感覺傳達得更貼切。」

最後的版本只保留原始版本的兩件東西：巨鳥和標題《天外奇蹟》。

在接下來的版本，道格特的團隊以精彩的序幕定出電影的情感基調，介紹老先生卡爾和青梅竹馬艾莉的戀愛故事。艾莉去世後，傷心欲絕的卡爾把房子連上一大束氣球，讓房子慢慢升空，不久後，他發現八歲的童子軍小羅躲在裡面。最後房子降落在偽裝成一朵大雲的廢棄蘇聯間諜飛船上。這個版本的故事大部分是在飛船上展開，直到有人發現。故事雖然沒問題，卻有點類似皮克斯之前挑選過的一個和雲有關的點子。雖然道格特不是以那部電影為靈感，感覺卻太相似，所以只好回頭重新構思。

第三個版本，道格特和團隊捨棄雲的概念，保留七十八歲的卡爾、他的搭檔小羅、巨鳥，以及房子隨氣球升空的想法。卡爾和小羅的小屋飄到委內瑞拉特普伊山山頂，在那裡遇到有名的探險家查理斯·蒙茲。蒙茲是卡爾小時候的偶像，因為吃下巨鳥的蛋，所以青春不老。然而蛋的神話太複雜，對核心故事形成干擾，道格特只得再次修改。

第四個版本，道格特拿掉青春不老的蛋，這引發時間順序的問題，電影的情感主線很成功，但是如果計算蒙茲和卡爾的年齡差距，蒙茲應該將近一百歲。不過我們已經來不及修改，最後決定不去解決這個問題。這些年下來，我們發現，如果觀眾喜歡你創造的世界，他們會原諒類似的小矛盾，甚至根本不會注意。在這個案例中，似乎沒有人發現，如果有的話，他們也不是很在意。

《天外奇蹟》非得經歷這些變化，必須花好幾年才能找到故事核心。所以《天外奇蹟》的工作團隊要隨著變化前進，不能驚慌失措或氣餒放棄，不過道格特了解他們的感受。

「完成《怪獸電力公司》之後，我才明白失敗是過程中一個有益的部分，」道格特曾告訴我。「製作那部電影的過程很不容易，我把錯誤看成個人的問題，以為更優秀的導演就不會犯那些錯。」一直到今天他才說：「如果覺得壓力太大，我會整個人呆在那裡，那通常是因為我感覺天要塌下來了，我會失去一切。我後來發現，只要強迫自己列一張清單，把問題寫下來，通常就會很快發現大部分問題可以歸納成兩、三個更大的問題，所以其實沒有想像中那麼糟。**把問題列成清單，比不理性地感覺所有事情都不對勁好多了。**」

這幫助道格特在製作《天外奇蹟》時，深入角色的情感核心，並據以建立故事。道格特的團隊告訴我，如果可以再次和他合作，要他們倒垃圾都願意。大家都喜歡道格特，但是製作《天外奇蹟》的過程很辛苦，也難以預測，沒有人知道電影會如何結束。問題不在於發掘隱藏的故事，因為剛開始的時候，故事**根本**不存在。

「如果一開始拍片，就馬上知道架構、走向和劇情，我會很懷疑，」道格特說。「只有透過探索，我們才能發現獨特的想法、角色和故事轉折，而且就字義而言，『探索』的意思就是你一開始不知道答案。也許因為我是在北歐的路德教派環境中成長，我認為生活不應該輕鬆如意。我們本來就要鞭策自己、嘗試新事物，雖然這樣做一定很不自在。經歷幾次危機絕對很有幫助，熬過《蟲蟲危機》和《玩具總動員2》的困境後，我們發現壓力會激發很棒的點子。」

道格特運用一些方法幫助團隊度過製作前的混亂，他說：「有時開會，如果覺得大家停在那裡，甚至不想討論改變，我會說：『如果真要這麼做，會是很大的變化，但我們只是假設……』或者說：『我不是真的打算這樣做，你們聽看看就好……』如果團隊感受到製作的壓力，就會不願接納新點子，所以你要假裝你不是真的要做什麼，只是隨口說說。如果無意中發現很棒的新點子，大家就會很興奮，也會比較樂於改變。」

另一個技巧是鼓勵團隊說笑。「有時最好的創意來自開玩笑，但是只有在你（或是老闆）容許這麼做時才可能發生。」道格特說。「看 YouTube 影片、閒聊週末趣事也許像在浪費時間，但長期而言卻可能很有幫助。有人把創造力形容為『不相干的概念或點子之間意想不到的連結』，如果這句話說得沒錯，你就必須進入特定的狀態才能有這種連結。所以如果一直不見進展，我會停下來，先讓大家去做別的事。過一陣子之後，等到心境轉變，我再來想辦法解決問題。」

改變是我們的朋友，因為只有經歷挫折，我們才能看得更透徹。我了解這個想法會讓很多人感到不自在。無論是要構思一條時尚系列、廣告活動或汽車設計，創作的過程都很花錢，製作過程遇到混亂或是走進死胡同必然會提高成本。風險很高、危機也可能毫無預警地出現，所以我們拚命想控制。失敗的成本似乎比過度管理更具破壞力。但是試圖逃避這種必要的投資，也就是因為害怕下錯賭注而更嚴格控制，很可能讓我們變成想法僵化、阻礙創造力的主管。

抗拒改變的理由

人們不喜歡改變，真正害怕的可能是因困惑帶來的不安，或改變可能帶來的額外工作或壓力。也有人認為改變方向是軟弱的表現，等於承認不知道自己在做什麼。這種想法很奇怪——我個人認為，無法改變想法的人是危險的。賈伯斯就是出了名的善變，他時常在得到新資訊後突然改變心意，我想應該沒有人覺得他軟弱。

管理者經常認為改變會威脅到現有的商業模式——理所當然一定會。我親眼看著電腦從大型電腦變成小型電腦，接著是工作站、桌上型電腦，到現在的 iPad。每一種電腦都有特定的銷售、行銷和工程部門，所以組織必須大幅度改變。矽谷許多電腦製造商拚命想維持現狀，他們抗拒改變，導致市場被競爭對手吞噬。很多企業就是因為這種短視而沒落，例如視算科技就是很好的例子，他們的銷售人員習慣販售昂貴的大型機器，不願轉換到較便宜的機型。視算科技還在，但是我們已經很少聽到那間公司的消息。

很多人相信「認識的魔鬼比陌生的魔鬼好」，政客當選之後，就失去改變的動力；企業找人遊說政府，希望不要做出任何會改變他們做生意方式的改變。好萊塢的經紀人、律師和演員，都知道這個體系有嚴重缺陷，卻不願改變，因為脫離常規可能在短期內導致他們收入減少。如果改變可能害自己飯碗不保，他們當然不願意這麼做。

自利導致人們不願改變，缺乏自覺更進一步助長這種心態。一旦熟悉一種系統，你往往看不到其中缺陷；即使看到，也認為改變過度複雜、牽涉太廣。但是你很可能因此步上音樂產業的後塵，在那個產業中，自利（保護短期收益）戰勝了自覺（很少人意識到既有的體系即將被完全取代），高層主管們固守過時的商業模式，繼續銷售唱片，直到為時已晚，檔案共享和 iTunes 已經顛覆了市場。

在此要特別說明，我不贊成只為了改變而改變。堅持有效的做法通常都有好理由。錯誤的改變可能危及我們的計畫，這也是反對改變的人抱持的理由，他們只想保護公司。政府機構不願改變，通常都是認為自己做的是對的。很多繁瑣官僚的規定，是為了處理弊端、問題、矛盾，或是管理複雜環境而設置。不過，雖然每一條規則制定時都很有道理，過一陣子之後，還是很可能衍生出一堆無意義的規定。這麼一來，公司就可能被用意良善的規範淹沒，那些規範只成就了一件事：耗盡創意能量。

簡化偶發事件的危險

討論了這麼多「改變」，那「偶然」要用在哪裡？有一次，我在馬林郡的度假中心聽到一個很有趣的故事，不過不確定真假。故事是關於英國人在一八二〇年間把高爾夫球引進印度，他們在皇家加爾各答建蓋第一座高爾夫球場之後，發現當地的猴子對白色小球很感興趣，時常闖入球道，把球搶走、亂丟，干擾他們打球。工作人員架設圍欄，但是猴子一下子就爬過來。他們捕捉猴子，把猴子安置到其他地方，猴子仍不停跑回來，用噪音嚇唬牠們也同樣沒有效果。最後他們的解決辦法是增加一條規定：「猴子把球扔在哪裡，就在那裡繼續球賽。」

偶然是歷史傳說和文學的一部分，數學家、科學家和統計學家深入研究，人類的一舉一動都和它有關。我們從抽象的概念中意識到它，也藉以發展出方法承認它的存在，像是說自己運氣好、手氣順、巧合、鴻運當頭、時機不佳等等；我們知道酒醉駕車的人可能突然出現，或者像俗話說的「天有不測風雲」，不過偶然仍然沒那麼容易理解。

問題出在我們的大腦天生就不會去思考偶然。相反地，大腦會在所有景象、聲音、互動和事件中尋找模式，這種機制根深柢固，即使模式不存在也能看到，其中的原因很微妙：大腦會儲存模式和結論，卻無法儲存偶發事件。偶發事件挑戰分類的概念，它出乎預料、突然出現。雖然我們理智上承認它的存在，大腦卻無法完全理解，所以對意識的影響比不上可以看到、測量和分類的事物。

例如，你太晚出門，卻仍然趕得及參加早上九點的會議。你很慶幸，不知道只要再遲兩分鐘，你在高速公路上就會遇到某人車子爆胎，至少塞車半小時。也許你從經驗中得到的結論是「明天可以多睡一會」，但是如果遇到堵車，你的結論就會是「以後不能那麼晚出門」。因為我們的天性就是極度重視親眼所見的模式，所以會由此做出推論和預測，並忽略看不到的事物。

這就是試圖理解偶然的困難之處：真實的模式摻雜偶發事件，以致我們很難區分機運和能力。你是因為準時出門、提前計畫、小心駕駛而提前抵達辦公室？還是你只是在對的時間出現在對的地方？大多數人會不加思索地選擇前者，甚至不承認後者是選項。我們一直根據經驗形成模式，沒有意識到如果不是因為微小的偶然事件，結果可能很不一樣。壞事發生，我們可能歸咎於陰謀；如果好事發生，就代表我們很優秀。這種錯誤的觀念誤導我們，影響我們的管理方式。

公司如果蓬勃發展，我們自然會假設是因為領導人決策英明，這些領導人也相信自己找到建立成功公司的關鍵。事實上，**偶然和運氣才是成功的關鍵因素**。

如果你管理的企業會被媒體報導，又可能面臨另一種挑戰。記者總是尋找模式，希望能以較少的字數說明一件事。如果沒有釐清哪些是偶然、哪些是你刻意的行動，就很容易受到外界過度簡化的分析影響。當你管理的是像皮克斯這種時常出現在新聞裡的公司，就得格外小心，不要過度相信媒體宣傳。我這麼說是因為知道那很難抗拒，特別是**當公司很成功時，愈容易認為自己做的都是對的**。但事實是我不可能發現所有成功的因素，而每當學到更多，我就得修正想法。這不是弱點或缺陷，這就是事實。

物理學中一個很有影響力的原則叫做「奧坎的剃刀」（Occam's Razor），是由十四世紀的英國邏輯學家奧坎的威廉（William of Ockham）提出，基本上是說，如果對一件事發生的原因有彼此互相抗衡的解釋，應該選擇假設性最低、也就是最簡單的解釋。例如，文藝復興時期的天文學家對於行星運轉有許多複雜的理論，當時的人普遍相信軌道是完美的圓形，也就是周轉圓（epicycle），但是隨著行星觀察愈來愈進步，以圓形為基礎的模式必須用極為複雜方式去解釋才可能成立。後來約翰尼斯・克卜勒（Johannes Kepler）提出較為簡單的概念——行星運行的軌道是橢圓形，太陽位於這些橢圓的焦點。這個解釋很簡單，所以很有力量。

跟某些理論概念不同，「奧坎的剃刀」十分符合人性。一般而言，我們對生活中的事件往往追求簡單的解釋，因為相信愈簡單的東西愈重要、也愈真實。但是遇到偶發事件時，我們可能因此被誤導。事情不一定那麼簡單，簡化一切可能扭曲現實。

我認為把簡單的規則和模式不當地運用在複雜的機制裡，很可能危及手上的計畫，甚至整個公司。我們經常太渴求簡單的解釋，以致即使完全不合適也緊抓不放。

為什麼不能過度簡化？堅守熟悉的想法又有什麼關係？我認為很有關係。在創意產業，我們必須面對未知，如果為了讓事情簡化而不願面對現實，就不可能取得優勢。自古以來，這種保障我們不受未知事物危害的機制就深植大腦，但是在創意產業，未知不是我們的敵人，如果接受未知，不要逃避，就能為我們帶來靈感和創意。如何接納偶然與未知，自在地面對混亂？首先，我們可以了解偶發事件有多常出現。

小問題與大問題的共同點比想像中多

數學有一個概念，叫做「線性」，即事物沿著同樣的路徑前進或是以能夠預測的方式重複的概念。像是一天或一年的節奏始終相同，是不斷重複的循環。太陽升起、落下，星期一之後是星期二，二月寒冷、八月暖和。那不像變化，或者至少可以說是能夠預測、理解的變化。那是線性的，很令人安心。

另一個概念是「鐘形曲線」。有些老師會以鐘形曲線打分數，少數人得到差勁和優異的成績，其他人都落在中間。如果繪製成圖表，其中一軸是分數，另一軸是得到分數的學生人數，形狀就會像一只鐘。我們的身高也一樣，大部分成年人在一百五十到一百八十公分之間，少數人落在兩個極端。醫生和水電工的能力也呈現類似的分布曲線，有些人十分傑出，有些人你連繫鞋帶都不敢找他，但是大多數是介於優異和笨拙之間。

我們擅長處理重複的事件，也理解鐘形變化。然而，由於無法替偶發事件找出模式，我們往往運用自己擅長的心智模式，歸納出我們對世界的看法，即使這樣做顯然有問題，例如偶發事件就不會以線性方式呈現。偶發事件不會按照一定的過程演進，因為偶然就是不確定。所以我們如何思索隨時可能出現、不符合現有模式的突發事件？

我們可以借助另一個數學概念——「隨機自相似性」（stochastic self-similarity），**隨機**就是任意或偶然，**自相似性**描述的現象可以在股市波動、地震活動和降雨量當中看到，這些現象的模式用不同的放大倍率看起來都一樣，例如折下一根樹枝，把它直立起來，看起來就像一棵小樹；無論從滑翔翼或外太空觀看，每一段海岸線都同樣彎曲；以顯微鏡觀察，雪花的一小部分就像整片雪花的微縮版本。這種現象也發生在自然界，包括雲的形態、人體的循環系統、山脈以及蕨葉的形狀。

但是如何把「隨機自相似性」連結到人類的經驗？

我們每一天都面對數以百計的挑戰，大多數很微小，像是一隻鞋子被藏在沙發下找不到、牙膏用完了、冰箱的燈壞掉；少數事件比較麻煩，但仍相對輕微，例如慢跑時扭傷腳踝，或是鬧鐘沒響，害你上班遲到；更少數導致更大影響的事件，像是沒有得到預期中的升遷、和配偶大吵一架；又更少見的是出車禍、住家地下室的水管破裂、小孩手臂摔斷；最後是少之又少見的重大事件，像是戰爭、疾病、恐怖攻擊——重要的是，這些事件糟糕的程度是沒有限度的。因此，一般說來，影響力愈大的事件發生次數愈少，絕對是好事。但是就像樹枝看起來像小樹，這些挑戰雖然影響程度不同，共同點卻比我們想像的多。

事件發生後，我們會快速建立模式、歸納原因，但是偶發事件不會按照時間表出現。問題的分類和性質因人而異，我的問題和你的問題很像，但是又不完全一樣。此外，偶發事件不是憑空發生，而是隱藏在生活中不斷重複的模式裡，所以通常很難看見。

我們往往認為改變一切的大事件和小問題完全沒有相似之處，那在公司內部會造成問題。當我們把失敗分到「一切照舊」和「天啊」的兩個桶子，然後用不同的心態面對，麻煩就來了。我們會把太多精力放在大問題上，以致忽略小問題，沒有發現小問題日積月累，很可能引發大問題。我們要以同樣的心態面對大問題和小問題，因為它們都有「自相似性」。換句話說，如果問題達到一定的門檻（也就是我剛才提及的「天啊」桶子），我們不能驚慌失措或忙著找出罪魁禍首。我們必須謙卑地承認，無法預見的事件可能也確實會發生，不是任何人的錯。

有個很好的例子發生在我之前提過的《玩具總動員2》製作過程中，當時我們很晚才決定大幅改變，導致人力不堪負荷。這個大災難突如其來，我們的處理方式後來在皮克斯仍為人津津樂道，但是重新製作前大約十個月，也就是一九九八年冬天，我們就遇到三個較小的偶發事件，其中第一個事件對皮克斯的未來造成很大的影響。

讓員工有自行解決問題的自由，能降低出錯的機率

要了解這第一個事件，必須知道我們是用 Unix 和 Linux 系統來儲存影片所有畫面的電腦檔案，這種系統有一個指令：「/bin/rm - r - f *」，能夠在最短時間內刪除所有檔案。聽到這裡，你也許可以想像發生了什麼事。不知何故，有人不小心在保存《玩具總動員2》檔案的硬碟下了這個指令，不是部分檔案，而是影片的**所有**資料、物體、背景、燈光、陰影，全部被刪除。首先，胡迪的帽子不見了，然後是他的靴子，然後胡迪完全消失，一個接一個，巴斯光年、蛋頭先生、小豬撲滿、暴暴龍，全都不見了。

電影的技術指導之一奧倫．傑卡布（Oren Jacobs）記得他親眼目睹整起事件。他一開始不敢相信自己的眼睛，接著連忙打電話給系統人員，對著話筒大叫：「拔掉《玩具總動員2》主電腦的插頭！」很合理地，電話另一端的人問他為什麼這麼做，傑卡布只得更大聲說：「快點拔掉！」系統人員馬上照做，不過，兩年的心血，**九〇%的影片**，已在短短幾秒內遭到刪除。

一小時後，傑卡布和他的上司蓋琳．蘇斯曼（Galyn Susman）一起在我的辦公室，努力思索接下來該怎麼做。我們安慰彼此：「別擔心，我們今天晚上可以用備份系統還原數據，我們只會失去半天的工作量。」但是此時，第二起偶發事件又發生了：我們發現備份系統沒有正常運作，用來幫助我們恢復數據故障的機制也出了問題。《玩具總動員2》消失了，此刻，我們才真正感到恐

慌，要重新組合得花三十個人一整年的時間。

公司主管了解事態嚴重，聚集在會議室討論可能的做法，不過大家似乎都束手無策。討論了大約一小時後，技術總監蘇斯曼突然想到：「等一下，我家裡的電腦可能有備份。」大約半年前，她生第二個寶寶，得花更多時間在家工作，為了讓工作更方便，她設計一套系統，把整個電影的資料庫每星期自動備份到她家裡的電腦。我們的第三起偶發事件拯救了我們。

不到一分鐘，蘇斯曼和傑卡布已經坐進她的富豪汽車，快速朝著她位於聖安瑟莫的家駛去。他們拿到電腦，用毛毯包好，小心翼翼地安放在後座，再一路慢慢開回辦公室。根據傑卡布描述，他們把那台電腦「像抬埃及法老王一樣地抬進皮克斯」。感謝蘇斯曼的檔案，我們找回胡迪和電影其他部分。

我們在短時間內連續經歷了兩次失敗和一次成功的偶發事件，全都無法預見。不過，這次事件真正的教訓在於處理善後時，我們沒有浪費時間責怪任何人。檔案不見之後，我們處理的順序依次為：一、還原影片；二、修理備份系統；三、設定預防限制措施，讓直接使用刪除指令變得更困難。

我們完全沒打算找出輸入指令的人、施以懲罰。

不是所有人都同意這個做法，他們認為創造信任的環境雖然重要，但是毋須承擔責任可能危及追求卓越的期望。負責雖然重要，但是在這個情況下，我認為員工做事都是出於善意。你無法靠殺雞儆猴預防偶發狀況。此外，既然強調要讓同事自行解決問題，就必須身體力行。當然，你要確保每個人都明白今後要努力避免犯下類似的錯誤，但是你永遠得說到做到。

這和「隨機自相似性」有什麼關聯？簡單說來，**如果你了解大問題和小問題有相同的結構，就可以保持冷靜，敞開心胸**，接納一個重要的事實——如果所有謹慎的規畫都無法避免問題，那麼最好的應對方式就是讓所有員工擁有解決問題的自主權，並有信心能解決問題。我們希望每個人都覺得自己可以採取行動去解決問題，不用徵求上司同意。在上述例子裡，蘇斯曼因為要一邊在家帶小孩、一邊完成工作，自行想出一週下載一次電影檔案的辦法，如果她沒有那樣做，皮克斯很可能會錯過《玩具總動員2》的最後期限，這對小型上市公司來說是很大的打擊。沒有經過批准行事的員工，不該因為「不受控制」遭受懲罰。公司每一個人，無論職位為何，都有權力停下生產線，這讓有心幫忙的員工更能發揮創意解決問題。換句話說，**我們必須以意想不到的方式解決意想不到的問題**。

另一個教訓是理解關於大小、好壞和重不重要之間的分界。我們往往認為，能夠預期的小問題和無法預見的大問題之間有條清楚的界線，那會鼓勵我們誤以為應該用不同心態去面對兩者，也就是我之前提到的兩個桶子。但是大問題和小問題基本上是一樣的，沒有清楚的界線。

這裡有個重要但難以理解的觀念。大多數人了解排序的重要，他們把最大的問題放在頂端，較小的放在下面。因為小問題實在太多，無法全部顧慮到，於是他們就畫出一條線，把所有精力放在落在線上方的問題。但是，**如果容許更多人不用經過批准就能去解決問題，也容忍（不要譴責）錯誤，就能同時處理更多問題**。如此一來，當偶發問題出現，也不會引發恐慌，因為失敗的威脅感已被拔除。個人或組織也可以妥善回應，因為組織不再是僵固、恐懼、等待批准的。錯誤依舊會出現，但是根據我的經驗，發生的次數與頻率會愈來愈低，也可以早一點發現。

正如我說過的，我們往往要等遇到了才知道問題嚴不嚴重。問題也許微不足道，也可能是壓垮駱駝的最後一根稻草。如果你習慣把問題放入不同的桶子，很可能會不知道要放入哪一個。困難之處在於，我們會依大小和重要程度替問題排序，忽略經常出現的小問題。但是如果把問題的所有權下放到組織的各個層級，每個人就擁有解決問題的自由和動力。我們無法預知員工會如何回應問題，但這是好事。關鍵是建立符合問題架構的回應架構。

遇到重大災難，主管反而有機會讓員工了解公司的價值觀，知道自己該扮演什麼角色。如果製作電影遇到問題，我們捨棄有瑕疵的產品，重新開始，就等於是告訴員工我們有多重視品質。

無法避免改變與偶發事件，那就擁抱它們吧！

除了偶發事件，人的潛能也無法預測。我認識一些難以共事的天才，後來不得不讓他們離開。而同時，皮克斯一些優秀、受人喜愛、工作效率極高的員工，也是因為以前的雇主認為他們沒有這些特質而被解雇。我很希望有什麼神奇妙方，能讓難以共事的員工改頭換面，但是我沒有。有太多未知且無法衡量的個人特質，我們無法窺知其中奧妙。大家都希望聘請優秀人才，但是說實話，我們一開始**真的**不知道誰會出類拔萃。我們要培養人才，幫助他們變得更優秀，相信很多人都能嶄露頭角，同時也明白並非人人都能做到。

華特．迪士尼就是這種難得的天才，大家都很難想像沒有他之後，迪士尼會變成什麼樣子。果然，他去世之後，沒有人能接下他的棒子。迪士尼員工努力想維繫他的精神，他們反覆自問：「華特．迪士尼會怎麼做？」也許他們以為這樣問，就能幫助他們追隨華特．迪士尼的開拓精神，得到原創的概念。其實這只會造成反效果，因為那是朝後望，不是往前看，他們因此被現狀束縛、恐懼改變。賈伯斯知道這個故事，所以時常告訴蘋果員工，他不希望他們問：「賈伯斯會怎麼做？」華特．迪士尼、賈伯斯或皮克斯，都不是因為緊守過去的成功而獲得創意成就。

回顧皮克斯的歷史，我不得不承認，發生在我們身上的很多好事也很容易走向截然不同的道路，例如賈伯斯可能真的把我們賣掉（他試過不只一次）；《玩具總動員2》可能來不及製作，拖垮公司；迪士尼可能成功把拉薩特挖角回去；迪士尼動畫在一九九〇年代的成功，幫助皮克斯有機會製作《玩具總動員》，後來迪士尼陷入困境，使我們有機會合作，最終合併。

我知道皮克斯能成功，很大一部分是因為我們有崇高的目標和優秀的人才，我們也做對了很多事。但是我們也要承認偶發事件的力量，運氣助了我們一臂之力，而非認為自己做的一切都是什麼天才之舉，那樣能讓我們做出更實際的評估與決策。運氣的存在也提醒我們，我們的成就很難重複。既然改變無法避免，你要想辦法制止、不讓它發生，還是敞開心胸，接受改變？當然，我認為創意就是要與改變一起合作。

| 第 9 章 |

隱藏的問題

希臘神話中，詩歌、預言之神阿波羅愛上美麗的卡珊德拉（Cassandra），她是特洛伊城的公主，有一頭鬈曲的紅髮、光潔雪白的皮膚。阿波羅賜予她預見未來的能力，於是卡珊德拉同意嫁給他。她後來違背誓言，背叛阿波羅，阿波羅憤而用一個吻詛咒她。從那天起，沒有人相信卡珊德拉的預言，大家都覺得她瘋了，儘管卡珊德拉預見特洛伊城即將毀滅，警告眾人希臘軍隊會藏在木馬裡潛入特洛伊，卻無法阻止悲劇發生，因為沒有人相信她的警告。

卡珊德拉的故事通常用來告誡世人不要忽略重要的警告，但是我思考的是不同的問題：為什麼是卡珊德拉受到詛咒？在我看來，真正受到詛咒的，是所有無法理解她說出的事實的人。

我時常思考理解力的極限。特別是在管理上，我們理應經常自問：我們能夠看見多少？有多少事情看不清楚？我們身旁有沒有一直說出警告的卡珊德拉，但我們卻聽不進去他（她）的話？換句話說，儘管做了最好的打算，我們是否仍受到了詛咒？

這些問題把我們帶入本書的核心，因為答案就是維繫創意文化的關鍵。我在前言裡提到，我想了解，為何許多矽谷領導人會做出即使是當下看來也是明顯錯誤的決定。他們懂得公司管理與運作的技巧、懷抱著豪情壯志，他們不認為自己是在做錯誤的決策，也不覺得自己驕傲自滿。然而，這些領導人雖然聰明，卻遺漏了些什麼，導致他們無法繼續成功。對我來說，這暗示了皮克斯也無法倖免，我們必須了解自己能力有限，看不到的問題必然存在。我們必須解決那些「隱藏」的問題。

一九九五年，賈伯斯提議讓皮克斯上市，他的主要論點就是，我們日後一定會製作出票房失敗的電影，為了那一天，我們必須在財務上做好準備。上市能夠提供製作電影的資金，我們因此更能決定電影的走向，也可以在失敗時幫助我們撐下去。賈伯斯認為皮克斯的生存不能只靠每一部電影的表現。

他的邏輯讓我很震撼──我們一定會搞砸，不知道何時或以什麼方式，所以我們必須有所準備。從那天起，我決心盡全力找出隱藏的問題，這需要相當深入的自我評估。賈伯斯說的沒錯，擁有財務後盾能夠幫助我們從失敗中恢復，但是我認為更重要的目標是隨時保持警覺，尋找可能出問題的跡象。

有些人認為視算科技和豐田汽車犯下大錯是因為他們太自滿、開始相信自己的鬼話；也有人認為企業偏離軌道，是因為對成長或盈利能力有不合理的期望，導致他們制定出錯誤的短期決策。但是我相信更深層的問題是，領導人沒有認知到公司必然存在看不到的問題，而因為不知道有這些盲點，他們就認為問題根本不存在。

這就是我最重要的管理理念：**如果不努力發掘看不見的問題、了解其本質，你就會準備不足，無法有效領導。**

我們都遇過所謂缺乏自覺的人。會這麼說，是因為當局者迷、旁觀者清，因此他們完全不知道自己遺漏了什麼。但是我們自己的自覺呢？如果承認自己所見所知必然有缺陷，就要想辦法加以彌補。知道一定有看不到的問題，使我成為更好的管理者。

職位、階級制度、拒絕接受不同觀點，會讓你看不見問題

我們多半願意承認自己不了解專業知識，例如我不會安裝水管、移植腎臟、更換變速器，或在最高法庭辯護案件。除非受過相關領域的特別訓練，我們必然對許多專業所知有限，像是物理、數學、醫學、法律。但即使有可能學會並精通所有專業知識，我們還是會有盲點。那是因為還有其他限制——多數是來自人與人相處的模式——會導致我們無法完全看清周圍的世界。

想像你打開一扇門，門的另一邊是你不知道、也不可能知道的世界，那個世界浩瀚無邊，超

越我們的想像。但是無知不一定幸福，這個充滿未知事物的世界會侵入我們的生活，所以我們只能去面對。其中一個方法是，努力了解我們為什麼很難或不可能看到某些事物。要做到這點，我們先要找出這個未知世界的多種層面。

談到隱藏問題的第一個層面，我便想起一九七四年我念完研究所後，首次到紐約理工學院擔任主管的時期。管理從來不是我的目標，老實說，我原本只希望好好做研究。我們的團隊不大，所以關係很緊密，相同的目標把我們結合在一起，我們私下都會往來，所以我覺得我很了解團隊每一個人的狀況。

後來我去盧卡斯影業，然後是皮克斯。我管理的人愈來愈多，員工在我的身邊開始變得不一樣，他們認為我是「重要公司」的「重要主管」；相形之下，紐約理工學院的同事只把我當成艾德。職位改變之後，同事在我面前說話、行事都變得格外小心。我不認為是我的行為促使這種改變，而是因為我的**職位**。這代表我以前私下得知的很多事，現在愈來愈不可能知道。**我**漸漸看不到冷嘲熱諷、發牢騷或粗魯的行為，因為同事不會在我面前做出這些不好的行為。我已經脫離那個圈圈，重要的是，我從未忽略這個事實。如果我不提高警覺、謹記在心，很可能會得到錯誤的結論。

這種現象源自人類原始的自我保護機制，我們和上司互動，希望展現最好的一面，把不好的模樣留給朋友、配偶或心理治療師。然而很多主管沒有意識到這一點，他們升遷時，沒有人告訴他們：「你現在是主管了，我不能再對你那麼坦白。」相反地，許多新上任的主管誤以為自己得到的訊息跟以前一樣。這只是主管領導能力受到隱藏訊息影響的一個例子。

接下來要探討另一個層面。

為了幫助一大群人一起合作而設計的階級式環境，發展到何種程度可能會導致訊息的隱藏？很多人不喜歡階級制度，認為那種制度帶有負面含意，過度強調層級。這種想法不一定公平，我就待過架構分明、同時也能鼓勵優異表現和健康互動的階級環境。

當然，也有很糟的階級組織。

階級制度之所以阻礙進步，是因為太多人在潛意識中，把自己與他人的價值和階級畫上等號，因此花太多精力往上爬，對待階級在他們之下的人很惡劣。這似乎是出自動物本能，這樣的問題不是因為階級制度造成，而是我們不該把個人價值和階級連結在一起。如果不思考如何評價人才，我們幾乎會自動落入這個陷阱。

如果從主管的角度檢視擅長討他們歡心的下屬，他們看到的是希望把工作做好、讓他們開心的員工，那有什麼理由不喜歡？如何分辨有團隊精神以及只會取悅上司的人？我們可能得靠其他人提醒，但是很多人不願意告狀，或顯得嫉妒心太重，因此領導人的視野就被善於揣摩領導人想法的人所蒙蔽。如果**只從單一的角度，不可能了解團隊的動態**。雖然我們都在別人身上看過這個問題，卻沒有意識到我們也落入同樣的陷阱，大都是因為**我們以為自己看到的比實際還多**。

第三個層面的隱藏問題發生在實際工作中。製作電影的過程非常複雜，所有程序都有不同的問題和特質，包括必須釐清的邏輯障礙、工作進度以及人際和管理問題。如果有人告訴我、並解釋給我聽，我就能大致了解，但只有真正參與的人才最了解問題，因為他們置身其中，可以看到我看不到的事物，比我先發現可能的危機。如果他們一懷疑事情不對勁，就馬上提出警告，問題也許不會太嚴重，但是你不能指望他們這麼做，即使非常希望公司成功的員工也可能不敢說出口。也許他們認為還不到讓高層主管介入的地步，或者以為我們已經知道。複雜的環境就是那麼複雜，單憑一人之力不可能完全掌握。然而，許多主管認為自己必須掌握一切，或者至少看似如此。

無論何時，同事知道的都比我多，但是我也了解更多製作電影的人不知道的問題，像是進度要求、資源衝突、市場或人事問題，這些可能都很難或不適合與所有人分享。然後，我們每個人都根據不完整的圖像得出結論。如果以為自己有限的觀點一定比較正確，就是嚴重的錯誤。

我們無法隨時掌握事情的全貌，公司成功之後又益發困難，因為成功使我們相信自己是以對的方法做事。那最有可能讓我們拒絕接受不同的觀點。

面對複雜的情況，告訴自己只要夠努力，就可以發現、了解所有的問題，這雖然令人安心，卻是錯誤的想法。**我們應該接受自己無法理解一個複雜環境的所有層面，把心力放在結合不同的觀點上**。如果相信不同觀點可以互補，而非相互競爭，就能鍛鍊我們的想法和決定，因而使我們更有效率。如果是健全、有創意的環境，第一線員工就能自在發言、表達不同意見，幫助我們看得更清楚。

皮克斯製作《天外奇蹟》期間，我們召開核准預算和時間表的執行檢查會議。視覺特效製作人狄妮絲．蕾姆（Denise Ream）也一起開會，她建議我們延後動畫師開始工作的時間，認為這麼做可以降低製作費用和人週數（person-weeks，我們用來計算預算的單位，代表一個人一週的工作量）。這個建議相當大膽。狄妮絲看事情的角度和我們不一樣，因為她在加入皮克斯之前，在光影魔幻工業特效公司待了很多年，深知太早開始工作看似有效率，最後卻會適得其反，因為只要一有變動，動畫師就得重新繪圖，導致成本增加。她認為，如果讓動畫師晚一點動工，給他們更完整明確的指示，人週數就能大幅減少。

狄妮絲說：「如果給他們完整的資訊，動畫師的工作速度會快到超乎你們想像。」她說的真對，即使過程依然混亂——故事不斷調整，角色到了最後階段重新設定骨架——《天外奇蹟》的人週數果然大幅減少。

回想起自己在那次會議中把話說出來的決定，狄妮絲告訴我：「他們要我們完成工作的時間根本不切實際，我就說：『我實在不懂為什麼我們要這麼做，因為我們一定會遇到問題，**從來沒有**人那麼早完成過，所以何不現在就乾脆實話實說？』你們顯然希望用最多時間把故事弄對，所以我希望愈晚開始愈好。而事情也成功了。」

如果電影製片和公司主管不願接納挑戰現狀的想法，這種事就不可能發生。只有在承認盲點存在的環境中，才有可能存在這種接納。也只有當管理者了解別人能看見自己看不見的問題、別人也都看得見解決方法，這種事才有可能發生。

事件的交互影響更難以看清

還有另一種層次的隱藏問題，是看不到的大小事件匯聚後，形成了重大影響，也因此，我們不會發現那些事件扮演的角色。例如，皮克斯的托兒所有很多小孩，是在皮克斯相識的同事的孩子（這是拉薩特和我引以為榮的成就），這些小孩能夠生出來，就是許多小事聚積而成的結果。如果皮克斯不存在，他們也許不會誕生。

要是沒有華特．迪士尼、拉薩特沒有加入《安德烈與威利冒險記》的製作團隊，或者我不曾在猶他大學認識蘇澤蘭教授，這些小孩的父母也許不會相遇。一九五七年，我十二歲的時候，全家到黃石公園度假，父親開一台黃色的福特旅行車，母親坐在副駕駛座，我和兄弟姊妹擠在後座。回程路上，峽谷的道路蜿蜒曲折，右邊是陡峭的懸崖，沒有護欄。只見前方忽然轉出一輛車，開到我們的車道來。我記得母親尖叫，父親用力踩剎車，他不能轉向，因為右邊就是懸崖。時間突然變得緩慢，四周一片寂靜，然後，砰一聲！那輛車撞上我們車子的側邊。等我們的車終於停下來後，大人們都下車，朝著對方大吼。但我只站在那裡盯著損壞的車，心想，如果那輛車朝我們的車道再多偏兩吋，就會撞到前方保險槓，而不是側邊，那樣我們就會被撞下懸崖了。你永遠都會記得這種生死交關的畫面。只要再多兩吋，也許就沒有皮克斯了。

很多人經歷過類似的千鈞一髮事件，但重點是：寫這本書時，這些令我引以為榮的皮克斯夫妻們完全不知道，那兩吋可能使他們無法認識對方，他們的小孩也就不會誕生了。

有人說，皮克斯的成功是因為創辦人的特質。個人特質雖然重要，但是我相信一定有無數我無從得知的「兩吋」事件，發生在對打造皮克斯很重要的人的生活裡。所有可能造成的結果實在龐大到無法理解，因此大腦必須將之簡化才能運作。例如，我沒有坐在那裡想著如果拉薩特沒有加入《安德烈與威利冒險記》的製作團隊，或者賈伯斯如願把皮克斯賣給微軟，情況會變得如何，但如果這兩件事發生任何一件，皮克斯的歷史必定截然不同。企業組織裡所有人的命運都是互相連結與依存的。更重要的是，**無論多努力或花多長時間，我們都不可能知道形塑生活的所有相互影響**。

我們必須承認生活中有很多看不見的「兩吋」事件，這讓我們更有彈性。領導人要知道，有許多形塑生活和企業的因素，是我們永遠看不到的。

永遠記得：自己的觀點不一定是事實

思考這種極限的時候，一句耳熟能詳的話不斷出現在我腦海：「事後諸葛最好當。」這句話聽起來很有道理。當然啦，回顧過去的事件，我們一定看得更清楚，能夠從中汲取教訓，得出正確的結論。

問題是，事後諸葛一點兒也不好當，我們**回顧過去，不會比展望未來看得更清楚**。我們對於形成事件的因素的理解非常有限，也因為**自以為**看得很清楚，而不願進一步了解。馬克・吐溫曾經說過：「我們只能擷取經驗中的智慧，不能再多，以免變得像曾坐到熱爐子上的貓一樣。牠下次絕不會再這麼做。那雖然很好，但牠也永遠不會坐到冷爐子上。」換句話說，貓的後見之明扭曲了牠的想法。我們應該拜過去為師，不是被過去控制。

往前看和朝後望其實很相似。策畫下一步行動、選擇未來路徑時，我們會分析所有的資訊，決定前進的路線；但回顧過去時，我們通常不會意識到，偏好塑造模式的天性會引導我們選擇哪些記憶才有意義，但這些選擇卻不一定正確。我們會借助他人的記憶並檢視自己有限的紀錄，找出一個較好的過去模式。即便如此，那依然只是模式，並非現實。

我在第五章曾提到道格特的電影《未命名的皮克斯電影，帶你進入大腦內部的世界》，帶你進入討論這部電影的智囊團會議，後來它改名為《腦筋急轉彎》。在這部電影的密集研究階段，道格特發現一件令他驚奇的事，神經學家告訴他，我們認為我們「看到」的事物，只有大約四〇%是透過眼睛。「其他都是從過去經驗找出的記憶和模式。」道格特告訴我。

動畫師有很強的觀察力，他們知道觀眾的潛意識會注意到非常細微的動作，進而啟動識別機制。如果動畫師要一個角色伸手拿左邊的東西，他們會讓他前一秒先微微向右移動。這是大腦期望看到的動作，不過大多數人沒有意識到這點，這很像標示接下來行動的線索。我們用這種線索引導觀眾的眼睛，讓視線望向我們希望他們看的地方。或者反過來說，如果不要放入線索，出乎意料的動作就會更驚人。《玩具總動員2》的翠絲談到她的恐懼時，手指不停扭著一根辮子。看到這個小動作，你就能察覺她的心情，透過自己的經驗和情緒替這個簡單的動作下定義。很多人以為動畫只是讓不同角色以好笑的方式動來動去，一邊說台詞，但是優秀的動畫師會精心推敲動作引發的情緒反應，讓我們相信這些角色都有感情、情緒和想法。

這些都是根據人類實際的運作方式，而且和我們想像的不太一樣。大腦的工作相當繁重，因為我們面前有數不清的細節，而雙眼只能透過眼球後方的中央窩接收其中一小部分，所以我們會忽略大部分細節，讓大腦填補遺漏的資訊。這就是我們的思維模式，也是我們理解世界的方式。

大腦運作快速，讓我們可以即時反應，在不同情況下挑選出什麼對我們有利、什麼對我們造成威脅。這種自動程式迅速發生，我們無法察覺。只要一點聲響或是驚鴻一瞥就足以啟動這些模式。面部細微的抽動，可能讓我們發現朋友有困擾；光線稍微改變，我們就知道暴風雨即將來臨。大腦只需要一點點訊息，就能根據模式進行推斷、填補空白。我們是製造意義（meaning-making）的生物，會相互讀取對方細微的線索。

就像魔術師把硬幣或撲克牌變不見，我們雖甘心受騙，眼睛還是跟著他的動作快速轉動，想推測他用了什麼伎倆。魔術師移動雙手時，我們只能看到一小部分動作，他會不停說話，或是用無關緊要的動作分散我們的注意力。成功的魔術有兩個必備條件，首先，魔術師必須轉移我們的注意力，不讓我們看到實際發生的動作；第二，我們的大腦必須填補遺漏的訊息，結合已知的事與在那一刻接收到的資訊。這就是道格特提到的四〇％的規則：**我們自認看到的事物，其實大多是大腦填補空白的結果**。我們深信自己看到完整的畫面，然而製造錯覺的不是魔術師，是我們自己。我們只知道大腦處理的結果，不了解其中的過程。

一般人認為「意識」是大腦**內部**形成的事物，加州大學柏克萊分校研究認知理論的哲學教授阿爾瓦．諾厄（Alva Noe）建議我們從另一種角度思考，把意識想像成我們和周遭世界互動的結果。換句話說，意識會根據情況不同而改變，他寫道：「我們一生都和他人在不同情況下互動，並非只接收外部影響，而是同時在當中扮演不同角色；我們與世界緊密結合，不是與之分離。」例如，他說金錢只有在相互影響的龐大體系裡有其價值或意義，雖然我們每天和金錢的關係往往著重於數字，但其實金錢在我們心目中有更複雜的模式，塑造了我們對生活方式的看法、我們自身的價值、對身分地位的感受，以及對他人與自己的判斷，這些也會塑造出我們心中的金錢模式。

我們和同事、朋友、家人和其他人的模式甚至還更複雜，這些個人模式形塑了我們的觀點，而且獨一無二，沒有人可以用我們的模式看到這些關係。可是我們時常忘記這一點，總認為自己的觀點是最好的。雖然可能因此和別人產生誤會、引起爭執，但我們仍然時常忘記自己有很多盲點。我們得反覆提醒自己，別人的感覺和經驗和我們的很不一樣。在創意環境，這種差異可能是資產，但是如果不承認或尊重這種差異，反而會有負面影響。

尊重他人觀點聽來簡單，但要在公司付諸實踐可能非常困難，因為人類看到挑戰自己思考模式的資訊，除了抗拒，還可能忽視。科學研究證實了這點，英國心理學家彼得·華森（Peter Wason）在一九六〇年代提出「確認偏誤」（confirmation bias）的概念，意思是人類會偏好證實自己想法的資訊，無論資訊是否為真。華森做過一系列著名的實驗，探索人們如何忽視牴觸他們信念的資訊。再次證明隱藏的事物可能導致我們得出錯誤的結論。

如果心智模式並非完全精確，以此得出的結論就難免出錯，例如，我們比較重視親朋好友的想法，陌生人說一模一樣的話可能無法引起我們共鳴；我們可能因為沒有受邀參加會議，就認為自己或手上的計畫有危險，即使事實並非如此。但因為我們看不見推理的缺陷或偏見，便很容易相信自己是唯一頭腦清楚的人。

類似問題經常出現，皮克斯創立初期，我們就犯過這種錯。當時我們聘請外部編劇來寫劇本，但對結果不甚滿意，所以找來另一名編劇，最後的成品很棒。我們犯的錯是把原來編劇的名字留在第二版劇本中，電影上映後，根據行規，我們必須在電影最後感謝原來的編劇，這讓皮克斯很多人感到不是滋味，我們向來重視把功勞歸給應得的人。

不知為何，這起事件導致皮克斯的導演決定，**他們**應該寫電影第一版的劇本，被列入編劇陣容。這個想法塑造了我們的工作模式，反過來又影響導演對於自己任務的定義。問題是這是錯誤的結論，源自於一次不愉快的經歷，然後又引發更多問題。例如，我們發現公司員工不太喜歡我們聘請外部編劇，此外，即使我們表示不希望沒寫過劇本的導演自己花時間寫初稿，要讓專業編劇幫他們為發展過程找出思考架構，仍然有好幾部電影陷入停滯，因為導演在該做其他事的時候拚命苦思劇本。

我們花了好一陣子才擺脫這個問題，而那都是因為一種有缺陷的心智模式產生了影響，那種模式是為回應一個單一事件而建構起來的。一旦某種工作模式進入我們的大腦，就很難改變。

我們都有和他人看到相同事件、記憶卻不一樣的經歷（我們通常認為**自己的**回憶才正確），這是因為我們看到的事件是由不同的思考模式塑造出來的。我要再重複一次——**心智模式並非事實**，模式只是工具，就像天氣預報員用來預測天氣的模型。有時天氣預報說會下雨，結果卻出太陽。工具並非事實。

重要的是了解其中差異。

承認隱藏問題的存在，勇敢去探索與解決

在製作電影時，電影其實並不存在。我們不是發現電影或是讓它為人所知，而是靠著一連串決策把電影創造出來。基本上，電影是隱藏的。（我把這個概念稱為「等待創造的未來」，將在後

面章節中討論它對創造力的重要影響。）我知道這種想法可能令人不知所措，就像作家面對空白的稿紙、畫家看到空白的畫布，無中生有非常困難，尤其又有那麼多你想了解的事物是看不見的，至少在一開始的時候。但我們可以用一些方法幫助自己敞開心胸、看得更清楚。

我說過平衡是永不停止、動態的活動，也解釋過為什麼不要只因為感覺比較安全或穩定，便停留在其中一端。現在，在已知和未知之間探索時，我們也要尋求類似的平衡。雖然安全很吸引人，但從事結果還不明顯的活動，才能達到真正的平衡。最有創意的人會願意在不確定的陰影下工作。

就像我在本章提過的門的比喻。門的一邊是已知的世界，另一邊則是我們看不到、不知道是否存在的事物，包含數量多到難以想像的問題、沒有表達的情感與尚未實現的可能。另一邊不是現實的反面，而是還沒創造出來的事物。

我們的目標就是把雙腳跨在門的兩邊，一隻腳站在已知、我們有信心的專業領域，有我們可以信賴的人與過程；另一隻腳則踏在未知、模糊不明，或尚未創造出來的世界。

很多人害怕未知的世界，我們渴望穩定和明確，所以兩隻腳穩穩站在熟悉的世界，相信只要重複過去成功的做法，就一定很安全。這種想法看似理性，就如同法治讓社會更健全、更有生產力，或是熟能生巧、行星圍繞太陽運轉，我們都需要這種確定感。但是無論我們多渴求穩定，都必須了解，也許因為能力有限、偶然，或未來事件的未知聚合，一定會有不速之客越過那扇門。有些也許令人振奮、有些則會造成災難。

有些人熱切地面對未知，設法對付看似棘手的科學、工程、社會問題，或是複雜的視覺和文字藝術。「不確定」是他們的動力，因為他們相信透過發問，他們能做的就不會只是從門旁窺探，還能跨過門檻。

也有人冒險進入未知世界，獲得驚人的成功，卻認為那是因為自己才智過人。他們沾沾自喜地告訴別人承擔風險有多重要，然而不小心成功一次之後，他們就不想再踏上未知的領域，因為成功使他們畏懼失敗。所以他們後退一步，重複之前做過的事，心滿意足地留在已知的一邊。

我刻意不替「創意」下定義，並非因為不重要，而是我相信每個人都有解決問題、表達創意的潛能，只是被這些隱藏的障礙所阻擋，包括不知不覺中妨礙我們的誤解與假設。所以要清除障礙，就必須承認世上存在著隱藏的事物，才能放開過去的做法、不再畏懼改變，也不會放大自己在成功中扮演的角色。坦率、安心、研究、自我評估、保護新點子，都可以把恐懼和混亂減到最低，幫助我們面對未知。這些觀念不一定讓事情變得比較容易，卻可以幫助我們發現隱藏的問題，進而解決問題。

第三部

建立與維持

| 第 10 章 |

拓展視野

一九七〇年代末期，我和妻子與另一對夫婦一同出遊，我們租了超大型露營車，從紐約開車到華盛頓特區。露營車有兩對後輪，若有一個車輪爆胎，另一個還可以暫時支撐。不過車子不是很容易開，而且另一對夫妻的先生迪克從來沒開過露營車。我們為了省錢，不走紐澤西收費公路，改走不用收過路費的路線。問題是這條替代路線每隔幾哩都有一個小圓環，如果一般車子應該還好，但是開露營車就沒那麼容易。

果然，我們接近其中一個圓環時，迪克擦到了路邊，我聽到後輪爆胎的聲音。

「迪克，你把輪胎弄破了！」迪克的妻子安妮說道。

「我沒有。」他大叫。

車子繼續行駛，迪克和安妮開始針對輪胎和迪克的開車技術展開激烈的爭辯。安妮斥責：「你要小心一點。」迪克生氣地說：「我沒把輪胎弄破！」並替自己辯護。「這種露營車很難開！」他們顯然不是第一次為了這種事吵架，但是無論迪克和安妮有過什麼故事，對於眼前的狀況完全沒有幫助。我們應該靠邊停下，修理輪胎。日積月累的問題導致他們看不清現實，沒有意識到龐大的露營車少了一個輪胎，正沿著公路飛馳，現在應該停下來評估損害狀況。

他們吵了幾分鐘之後，我只得插話，告訴他們輪胎**真的**破掉了。迪克和安妮以為自己在討論輪胎，事實卻非如此，安全顯然不是他們的首要考量。由多年互動塑造成的心智模式，扭曲他們對事件的看法，也導致他們無視眼前的危險。

超大露營車、搞不清楚狀況的夫婦、爆胎、因而產生的唇槍舌劍，絕對帶有黑色幽默的元素，但是我提起這個故事，是因為裡面包含四個和管理有關的概念。第一個概念是我在第九章提過的，我們看世界的模式很扭曲，導致我們難以看到近在眼前的事物，我們會用日積月累所建立的偏見，來評估、推理、預測我們的所見所聞，那些偏見就是我所謂的模式；第二個概念是，我們往往無法察覺外界新訊息與舊有心智模型之間的界限，因為大腦把兩者結合在一起；第三個概念是，我們很容易在不知不覺中陷入自己的模式，失去處理眼前問題的彈性；第四個概念是，一起工作或生活的人，例如迪克和安妮，因為擁有共同的過往，心智模式會互相糾纏難解（有時不可能解開）。如果我們只和迪克或安妮其中一個人出遊，他或她應該會有適當的反應，但是兩個人都在，便組成更複雜的模式，形成更多限制。

輪胎事件只涉及兩個人互動的模式，在公司裡，有幾十個、甚至幾百人一起工作，效應會快速倍增。不知不覺中，這種往往相互競爭、不一致的模式可能產生慣性，導致我們很難改變，面對挑戰時無法正確回應。組織裡必然有不同觀點，只要一不小心，很可能出現衝突，導致一群人陷在自己狹隘的觀點中，即使團隊成員平常都能接納不同的想法。

愈來愈多人加入，團隊必然愈來愈缺乏彈性，雖然我們都同意解決問題需要彈性，要實踐這個原則可能非常困難。想法僵化（也就是認定自己的觀點才正確）一開始很難發現，而且，就像個人有偏見、容易妄下定論，組織也會以特定、既有的方式面對世界。

本書第三部分，就要討論皮克斯如何避免讓迥異觀點阻礙合作。在每一種情形下，我們都強迫自己挑戰先入為主的觀念。我會在本章討論我們使用的幾個機制。

一、每日進度檢視會議、共同解決問題

二、研究之旅

三、限制的力量

四、融合科技與藝術

五、小實驗

六、學習觀看

七、事後剖析

八、持續學習

一、每日進度檢視會議，共同解決問題

二〇一一年秋天，《勇敢傳說》上映前八個月，上午九點剛過，十幾名動畫師緩緩走進皮克斯中庭深處的放映室，準備參加每日進度檢視會議。他們坐進超大型沙發，很多人都喝著咖啡，努力保持清醒。只見導演馬克・安德魯斯（Mark Andrews）踏著輕快的腳步走進會議室，他剛剛才舉著一把三十八吋的長劍，在外面草坪上練了一小時的擊劍。

安德魯斯臨危受命，在中途加入《勇敢傳說》製作團隊。他是很擅長鼓舞人心的領導者，深以身為蘇格蘭後裔為榮，而那裡剛好是《勇敢傳說》設定的場景。安德魯斯要求團隊每週五和他一起穿蘇格蘭裙上班，說穿裙子的男人可以提振工作士氣。他活力四射，一名動畫師這麼形容他：「安德魯斯和你講話時，聲量好像想壓過你背後的強烈龍捲風，而且他贏了。我懷疑他吃了原子藥丸。」安德魯斯在這場會議的表現正好證明了他的懷疑。

「大家早！醒來吧！」安德魯斯高聲宣布，開始一小時的會議，動畫師一一分享他們繪製的場景。安德魯斯仔細觀看，詳細記錄如何改善，並鼓勵在場其他人也這麼做。參加會議的人包括骨

架設定總監、電影製片、編劇經理和動畫師。這場會議的目的，就是大家一起檢視不同的場景。

每日進度檢視會議是皮克斯文化很重要的一部分，除了提供實質的建議，開會的方式也很有幫助，因為參與者得暫時拋開自尊，讓導演和同事檢視他們未完成的作品。這需要全員全心參與，導演也要創造讓他們安心的氣氛。安德魯斯以無窮的精力做到這點，他唱八〇年代的老歌、以綽號稱呼同事、在趕著畫出建議的改進時嘲笑自己的繪畫能力，他跟一名昏昏欲睡的同事開玩笑：「今天這麼有精神喔？」看到無懈可擊的作品，他會大聲喊出所有動畫師都渴望聽到的話：「就是這樣！」無論是否所有動畫師都能得到同樣的進展，每個人完成簡報後，會議室都一定會爆出熱烈的掌聲。

不過，這不是鼓舞士氣的集會，會中提供的建議是具體而詳細的。每一個場景都會受到無情的檢視，動畫師似乎都很歡迎這些意見。「大家覺得那根樹枝夠粗嗎？」安德魯斯問，指著一根看起來很脆弱的樹枝。在這個場景，樹枝是用來支撐一扇沉重的大門，有些人覺得不夠粗，安德魯斯便在面前的平板電腦上隨意畫了幾筆，螢幕出現比較堅固的木條，他問：「這樣有沒有比較好？」團隊針對每一個場景提出問題：那個剛跑上樓的老人應該看起來更氣喘吁吁、年輕間諜的臉部表情要再邪惡一點。「加入吧！」安德魯斯鼓勵大家：「提供你的建議！」

場內氣氛雖然喧鬧、輕鬆，但你能感覺到大家的專注。他們詳細分析、坦然接受有建設性的批評，讓不錯的動畫變成很棒的動畫。安德魯斯仔細檢視艾琳諾皇后的十個影格，其中這個角色變成了一頭熊，踏著石頭，穿越小溪。他說：「她的腳步比較像貓，不像熊那樣沉重，我喜歡整體的速度，但我沒有感受到**重量**，她走路像忍者一樣。」每個人都點頭，記下建議，繼續討論。

每日進度檢視會議是很好的典範，讓我們學習如何以更廣泛的角度觀看和思考。安德魯斯告訴我：「有些人是來讓別人看自己製作的場景，獲得建議；有些人是來看我們如何提出建議，了解我的風格、我的喜好。每日進度檢視會議讓大家保持在最佳狀態。參加這種會議很不容易，因為我們的目標是創作出最棒的動畫。我們會反覆檢視每一個影格。我們有時也會爭論，因為我不知道所有的答案，大家得一起找出答案。」

每日進度檢視會議是團隊努力的成果，但這不會自然而然出現。員工加入皮克斯，心中都有一定的期待，他們希望受到喜愛、敬佩，想證明自己的價值，他們不希望讓別人看到不完整的作品、丟臉出醜，也不想在導演面前說蠢話。所以第一步是要讓他們知道，在皮克斯，每個人都要給別人看不完整的東西，也要坦率地提出建議，了解這點之後，尷尬才會消失，也才更能發揮創意。安心討論問題，向彼此學習、激發靈感，不但能夠滿足社交需求，也有實質的助益。每天全心參與進度檢視會議，需要同理心、清楚的頭腦、慷慨分享和傾聽的能力。這個會議是要讓大家更能敞開心胸，了解身旁的人可以幫助你發揮創意，讓你的視野更清晰。

二、研究之旅

有一次我到迪士尼，看到兩名導演在介紹他們構思的電影。牆上貼滿軟木板，上面釘著每一幕當中的插圖、角色的素描、激發靈感的藝術作品。為了解釋電影的風格，導演貼上十幾張知名電影的視覺影像，包括他們希望仿效的全景畫面、風景圖像以及角色的服裝。他們希望透過其他電影的例子傳達概念，每一塊板子都是基於這些具代表性的參考資料，但是這麼做，感覺只像在模仿其他電影。這其實可以理解，導演進入這一行，就是因為他們熱愛電影，提到其他電影當然在所難免（在皮克斯，我們常開玩笑說每次會議只能提到一次《星際大戰》）。討論電影製作，必然會提及可以當成參考的電影，但是過分依賴從前的例子，你的電影最後只會是延伸品。

柏德在念加州藝術學院時也發現類似的現象，他記得有一群學生專門模仿大師的動畫創作，他稱這種做法是在製造「科學怪人」。他說：「他們有一個角色，走路像是米爾特・卡爾（Milt Kahl，迪士尼九大元老之一）為《救難小英雄》畫的梅杜莎夫人，揮舞雙手的樣子就像法蘭克・湯瑪斯為《睡美人》畫的綠仙女。」

電影製片、工業設計師、軟體設計師，或是任何從事創意工作的人切割、拼湊之前出現過的東西，表面上看來是創意，但那只能稱為工藝，並非藝術。工藝是符合我們期待的東西，藝術則是以意想不到的手法運用工藝。

複製從前的作品注定只能做出平庸的東西，卻是**看似**安全的選擇。對於安全的渴望、希望以最小風險獲得成功，可能影響整個公司。如果組織的結構變得僵化、不靈活或官僚，我們就必須破壞那種結構，而且沒有單一的解決方案，因為人事物都不斷在變化，我們必須解決過程中不斷出現的問題。

如果拉薩特看到模仿其他作品的簡報，他經常會阻止對方，要他們放慢腳步、看遠一點，讓視野超越已知的事物，他告訴他們：「你們一定要走出去做研究。」

拉薩特深信研究的力量，在他的推動下，皮克斯籌畫《料理鼠王》時，製作團隊的幾名成員在法國待了兩個星期，他們到米其林星級餐廳用餐、參觀廚房，並採訪廚師，也走進鼠滿為患的巴黎下水道；在決定《天外奇蹟》的氣球屋會飄到南美洲山脈之後，拉薩特派了一批藝術家到委內瑞拉觀察特普伊山，還把一隻鴕鳥牽到皮克斯總部，提供繪製巨鳥角色的動畫師靈感；《海底總動員》的尼莫相信所有溝渠都通向海洋，牠跳進水槽，逃離牙醫診所，製作團隊就到舊金山汙水處理廠走了一趟（並發現魚**真的**可能從排水管游到海裡，不會死掉），《海底總動員》的許多成員還拿到潛水執照。

研究之旅的目的不只是實地考察或純粹為了好玩，因為那是在電影製作初期就展開，所以也推動了電影的發展。以《怪獸大學》為例，二○○九年十二月，電影上映前三年多，十幾名皮克斯的導演、製片、編劇，還有幾名藝術和故事部門的員工，飛到東岸參觀麻省理工學院、哈佛大學和普林斯頓大學。藝術部門經理尼克・貝瑞（Nick Berry）回憶道：「《怪獸大學》是最負盛名的嚇唬學校，所以我們要探訪傳統名校。」貝瑞負責安排那次參觀訪問，以及加州大學柏克萊分校和史丹佛大學的一日遊。他們參觀宿舍、教室、研究室和兄弟會，在校園草坪晃來晃去，到學生常去的便宜酒吧吃披薩，拍了很多照片，記了很多筆記。貝瑞說：「我們把所有東西記錄下來，包括小徑如何連結到校園中庭，以及木桌的塗鴉刮痕是什麼模樣。」電影裡處處可見類似的細節，像是字母縮寫夾克，或是學生貼在校園公告欄的「誠徵室友」傳單（附有供人撕取的標籤），都讓觀眾覺得真實。

我們追求的就是真實，拉薩特把製作團隊送到外面參觀時，他們還不知道要找些什麼，所以也不知道自己會獲得什麼。但是仔細想想，如果只尋找熟悉的事物，你就不會發現意外的驚喜。根據我的經驗，製作團隊到外面考察研究，回來後一定有所轉變。

做研究雖然重要，但重點不只是確定事實。研究之旅挑戰我們先入為主的觀念，幫助我們脫離陳腔濫調，提供靈感，讓我們不斷創造，而非複製。

有趣的是，即使觀眾對於電影描述的場景一無所知，也能感受到場景是否真實。例如，很少人進過高級法國餐廳的廚房，你可能以為觀眾不會發現《料理鼠王》廚房場景的細節，像是廚師穿的木屐在黑白瓷磚地板發出的叩叩聲、他們切蔬菜的模樣，或者安排工作空間的方式，但是我們發現觀眾知道我們下過功夫，因為感覺就是很對。

這種枝微末節重要嗎？我相信很重要。對主題和場景有深刻的了解是一種信心，那會滲入整部電影。這是隱藏的引擎、和觀眾心照不宣的默契，告訴觀眾：我們正在努力對你述說真實動人的故事。要實現這種承諾，任何細節都很重要。

三、限制的力量

皮克斯有一種現象，被製片形容為「有漂亮陰影的硬幣」，指的是我們的藝術家太注重細節，以致會花好幾天或好幾個星期精心製作薩拉斐恩所說的：「在床頭櫃上永遠看不到的硬幣」。薩拉斐恩是《怪獸電力公司》的製作主管，她記得那部電影的一個場景就出現這種現象。那是在阿布第一次到毛怪和大眼仔的公寓，開始到處探索，怪獸正想阻止阿布時，她已經走到兩座堆得像山一樣的光碟片（一共有九十幾張）前，毛怪大叫：「不要碰！」說時遲那時快，她已經從底部抽起其中一張，整疊光碟轟然落地。阿布搖搖晃晃地走開，大眼仔抱怨道：「唉，那是按照字母順序排的。」這個畫面持續了三秒，只能看到幾張光碟的封面，但是皮克斯的藝術家不僅替每一張光碟設計封面，還用著色器（shader）程式計算物體移動時的呈現效果。

「你可以看到每一張光碟片嗎？」薩拉斐恩說，「不能。設計封面很有趣嗎？也許吧。這可能是圈內人的玩笑，但是團隊中有一個人相信觀眾能清楚看到每一張光碟片，所以投注感情精心製作。」

我不願去想這花了我們多少人週數。我們的過程顯然出了問題，對品質的要求已經超越理性，但是因為動畫師必須在不知道背景的狀況下製作這些場景，導致他們為了保險起見，過度仔細。我們對品質的要求，更是讓他們覺得好還要更好。所以如何解決「有漂亮陰影的硬幣」問題，又不能告訴員工不要那麼在乎或不要追求完美？我知道《怪獸電力公司》的製作團隊不認為那個細節重要到需要花那麼多時間完成，他們當然知道要有所限制，只是看不到限制在哪裡。這是管理階層的疏失，事實上，我們一直不知如何設定有用的限制，以及讓員工看見那些限制。

由於外部的現實，像是有限的資源和時間、不斷變化的經濟和商業環境，我們必須設下限制。如果限制得當，可以強迫員工修正他們的工作方法，甚至創造另一種模式。限制代表你不能為所欲為，必須想辦法用更聰明的方法做事。說實在的，很多人都是到了迫不得已才會調整。限制強迫我們重新思考工作方式，更能發揮創意。

另一個必須限制的領域是所謂的「控制食欲」。製作電影時，我們對資源的需求簡直深不見底，如果沒有限制，製作團隊一定能為花更多時間和金錢找到理由：「我們只想做出更好的電影。」這不是出於貪心或浪費，而是因為他們在乎自己在電影中負責的部分，卻不一定了解那個部分在整體扮演的角色，認為一定要投注更多才能成功。

我們希望加入許多效果，讓電影變得更棒，但終究會發現不可能顧及一切，所以我們設定最後期限，安排優先順序，討論哪些一定要做到或是計畫是否可行。我們不希望太早開始討論，因為剛開始一切都還不確定，但是如果拖太久，時間和資源都可能耗盡。

更複雜的是，製作團隊通常不知道做這些事真正的成本，例如導演可能只大略知道修改特定情節要花多少時間和人力；藝術家或技術指導傾注全力執行手上的工作，卻不了解那部分工作在電影中真正的價值。就像露營車爆胎故事裡的迪克，無法分辨實際情況和他希望的情況，在製作電影這種複雜的過程中，分辨你希望做到和實際能做到的事尤其困難，所以我們需要輔助工具。

柏德製作《超人特攻隊》就遇過類似難題，他遇到他口中的「海市蜃樓」——他很喜歡的場景或概念，但是對電影完全沒有幫助，例如，他有很長一段時間，投入很多心力在一個場景中的水族箱，他希望水族箱裡的魚游動時閃閃發光，就像壁爐裡閃爍的火焰一樣，他一心想實現腦袋裡的畫面，但是動畫師一直做不出來。五個月後，花了幾千個小時，柏德才突然發現那對影片沒有任何實際幫助，他被海市蜃樓誤導了。

後來，柏德的製片約翰．沃克（John Walker）和部門主管蘿拉．雷諾斯（Laura Reyonds）合力設計出一套系統，幫助製作團隊了解還有多少資源可用。這套系統是把冰棒棍用魔鬼氈黏在牆上，每根冰棒棍代表一個人週數，也就是一名動畫師在一星期內可以完成的工作量。每一個角色旁邊黏了一排冰棒棍，只要看一下那片牆，就知道如果在彈力女超人身上用了那麼多冰棒棍，在小傑身上就不能用那麼多。沃克回憶道：「柏德會來找我，說：『我們今天必須完成這個。』我就指著牆說：『好吧，你需要一根棒子，要去哪裡拿？我們總共只有這麼多。』」這就是限制對創意的正面影響很好的例子。

不過，有些限制的方式可能適得其反。拉薩特和我在二〇〇六年到迪士尼動畫時，發現一個很有趣的問題。由於製作動畫的過程複雜、昂貴，所以迪士尼的管理者認為最好的方法是設置「監督小組」，基本上就是主管的眼線。監督小組唯一的任務是確保製作團隊不會超出預算和期限，他們檢視電影的製作報告、確保事情如期進展，然後把發現呈報給主管。這樣一來，主管們就覺得安心，認為這樣就不會出問題。

然而，製作團隊認為監督小組是障礙，不是助力。他們覺得自己再也沒有彈性去快速回應問題，因為監督小組挑剔他們的每一個決定，包括很不重要的決策。這讓他們感到力不從心。這種限制不僅阻礙進展，監督小組和製作團隊也產生愈來愈多歧見，結果士氣一落千丈。

拉薩特和我認為解決方案很明顯，只要廢除監督小組就好。我們相信製作團隊本來就負責、盡職，希望在期限和預算內完成複雜的工作。監督小組對過程沒有任何幫助，只帶來無謂的壓力。過度管理沒有任何意義，因為製作團隊已經有一套符合預算和期限的準則，在這個框架內，他們需要最大的彈性。廢除監督小組之後，戰爭就此結束，製作過程也更流暢。

這個解決方案雖然顯而易見，但是絕對不可能來自監督小組的成員，因為這等於要求他們承認自己的團隊沒有存在的必要。此外，從前的主管也不會提出這個解決方案，因為他們認為監督小組很重要，能夠讓製作過程更透明也更有紀律。諷刺的是，監督小組反而使限制變得更模糊。

監督小組成立時，沒有人問一個最基本的問題：如何讓員工自己解決問題？相反地，他們問：如何防止員工搞砸？這不是鼓勵創造力的做法。我的經驗法則是，**如果要施行限制或程序，我們應該問：這樣能否幫助員工發揮創意解決問題？如果答案是否定的，就不該施行這個提案。**

四、融合科技與藝術

一九八〇年間，和華特．迪士尼密切合作的傳奇動畫師鮑伯．麥克雷（Bob McCrea）在迪士尼待了四十年之後，前往擔任加州藝術學院的講師。麥克雷雖然脾氣暴躁，不過很受學生愛戴，史坦頓後來便以《瓦力》裡的麥克雷船長向他致敬。皮克斯許多重要人才的創作鑑賞力，都是由他塑造出來的。史坦頓說，他和加州藝術學院的同學認為自己是「純粹主義動畫家」，決心仿效迪士尼早期的大師。因此，他們在使用工作室鼎盛時期並不存在的新科技時（例如錄影帶），總是覺得很掙扎。史坦頓記得他有一次告訴麥克雷，如果九大元老沒有用錄影帶，或許他也不應該用。

麥克雷卻跟他說：「別傻了，如果當時有這些工具，我們就會用。」

正如我在第二章提過的，華特．迪士尼決心融合最先進的技術，把聲音、色彩帶入動畫。他開發去背技術、多層次攝影機、動畫膠片複印室。從一開始，皮克斯的優勢就是領導階層融合了科技、藝術和商業人才，每一位領導人，包括我、拉薩特和賈伯斯，都很重視非自身專業的領域，努力維持這張三腳凳的平衡。我們的商業模式、製作電影的方式和技術都不斷改變，但是透過整合，我們讓它們相互驅動。換句話說，創新的動力是來自內部，而非外部。

拉薩特常說：「藝術挑戰科技，科技激發藝術。」這不只是好聽的口號，而是代表我們整合的理念。當一切都以合理方式運作，藝術和科技就能相互對決、刺激，達到更高層次。由於兩種心態很不一樣，齊頭並進並不容易，但是我認為這種努力一定值得。與跟自己截然不同的人合作，專業技能和心智模式都會受到挑戰，如果能運用科技去追求藝術，不斷調整、改善做事的方法，就能讓自己保持活力充沛。皮克斯的歷史就證明了這種充滿活力的相互影響十分成功。

柏德製作《超人特攻隊》時，發現很難用言語給動畫師精確的建議，這導致效率不彰。如果要討論如何把場景畫得更好，直接把想法畫出來不是更有效率？柏德問，有沒有一種方法，可以直接畫在投影的圖像上，讓動畫師看到他希望改變的地方。軟體部門立即著手研發，設計出審查草圖的工具，讓導演用數位筆直接畫在影像上，然後儲存，放上網路，供需要參考的人使用。自此之後，這個工具就成為導演的重要工具（安德魯斯在每日進度檢視會議就是使用這個工具）。

另一個重要創新發生在二〇〇二年。那天道格特來我的辦公室，說他需要把分鏡腳本的草圖連接在一起，精確計算時間，然後在智囊團會議發表，他說這樣更能傳達他的熱情，也更能模擬出他想要的成果，也就是一部電影。我去找軟體部門主管邁克・強森（Michael Johnson），請他替道格特想辦法。兩星期後，強森設計出後來稱為「道格特提案軟體」（Pitch Docter）的軟體原型。

導演第一次提案時，基本上很像在從事一項表演藝術。提案是動態的表演，導演能夠看著觀眾的眼睛，了解對方能否接納特定元素，並根據反應修正、調整。不過這種表演終究不是電影，故事做成動態腳本後，常常變得很無趣。傳統的提案方法無法模擬動畫電影，「道格特提案軟體」就能夠做到。

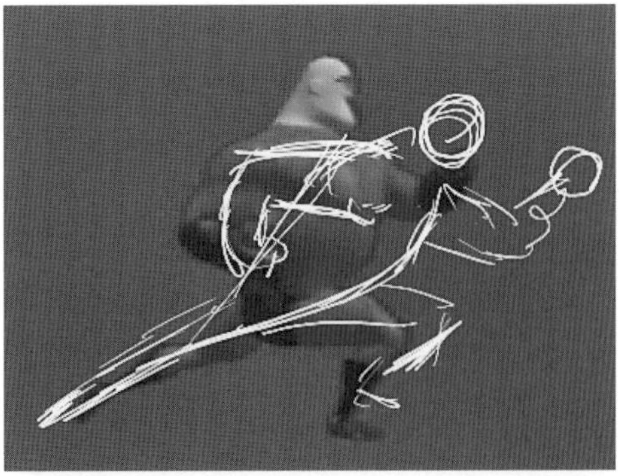

© DISNEY・PIXAR

© DISNEY・PIXAR

「道格特提案軟體」讓藝術家能提早獲得建議，也能讓提供意見的人可以透過模擬素材在電影中的呈現效果來加以評估。一開始我們不知道藝術家願不願意接受這種工作模式，他們向來都是在紙上作畫，我們要讓他們自己去發現、了解這個技術。不過他們很快就發現軟體的好處，因為分鏡腳本經常需要修改，使用電腦可以簡化流程，只要按一下按扭，就能把新版本傳給團隊。

愈來愈多藝術家採用這個工具，甚至進一步要求更多功能，軟體開發人員和藝術家合力改善軟體，這就是結合科技和藝術的成果。強森的團隊，我們稱為「移動圖像團隊」（Moving Pictures Group），成為我們不畏懼改變的典範。我們在整個工作室實行這個概念，讓軟體人員輪流參與製作，這種方式能隨時回應問題，工作室也因此變得更靈活。

五、小實驗

在大部分公司做事，你必須對自己做的事提出很多證明，例如在上市公司要準備季度盈利報告，即使不是上市公司，也要讓公司支持你的決定。然而這不是不變的準則，我們必須接納意想不到的事物，科學研究就是以這種方式運作。科學家開始做實驗時，並不知道會不會有突破性的進展。很可能不會。儘管如此，你也許能在實驗途中發現其中一片拼圖，幫助你拼湊完整的圖像。

皮克斯把短片當成實驗，就是希望在過程中得到這些拼圖。很多人都知道，皮克斯的電影開始前都會播放這些短片，這些三到六分鐘的影片製作費用可能高達兩百萬美元，當然不會替公司帶來任何利潤，所以從短期來看並不合理，但是我們直覺地知道這個做法是對的。

皮克斯製作短片的傳統始於一九八〇年代初期，拉薩特加入盧卡斯影業製作《安德烈與威利冒險記》的時候。皮克斯的第一批短片包括《頑皮跳跳燈》、《單輪車的夢想》（*Red's Dream*）以及獲得奧斯卡獎的《小錫兵》，都是一種跟科技界同儕分享技術創新的方式。一九八九年，我們停止製作短片，接下來七年都把心力放在能夠帶來利潤的廣告與第一部電影。但是一九九六年，《玩具總動員》上映一年後，拉薩特和我決定重啟短片計畫。我們希望鼓勵實驗精神，並讓初出茅廬、日後可能執導電影的製作人有實驗的機會。我們把短片費用當成研發經費。若能在短片中測試創新技術，光是這點就很值得。最後的收穫很多，但不一定都是我們所預期的。

　　在一九九八年的《蟲蟲危機》之前播放的《棋局》（*Geri's Game*），是第一部我們所謂的「第二代短片」，背景設在秋天，一個老

人在公園和自己下棋。這部短片的編導是楊．平卡瓦（Jan Pinkava），後來贏得奧斯卡最佳動畫短片。片長將近五分鐘，裡面完全沒有對白，除了老人放下一枚棋子時，偶爾開心地發出「哈！」的聲音。幽默之處在於這個八旬老人的性格，會隨著在棋盤兩邊移動而改變，看到最後老人溫順的性格反敗為勝，打敗他洋洋得意的另一個自我，你也會忍不住發出會心一笑。

但《棋局》不僅是賞心悅目的短片，也幫助我們改進技術。我們對平卡瓦唯一的要求是裡面要有一個人。為什麼？因為我們需要讓人的臉、手以及衣服的表面看起來更平滑。在當時，因為皮膚和毛髮的弧度無法令我們滿意，人類在我們的電影裡只能擔任配角，我們便透過製作《棋局》的機會來設法改變。

雖然我們一開始是以研發來合理化短片計畫，但我們很快發現，電影才是技術創新的主要動力，不是短片。事實上，《棋局》之後，一直到二〇一三年的《藍雨傘之戀》（*Blue Umbrella*），短片才再次對技術創新產生幫助。我們原先以為執導短片可以培育人才，後來發現在這方面我們也想錯了。執導短片雖然是很棒的經驗，可以學到一些製作電影長片時派得上用場的技巧，但是執導五分鐘短片和八十五分鐘的電影長片之間有很大差距，前者只是朝後者前進的一小步，並非可以跨到中間的一大步。

不過短片替皮克斯帶來其他意想不到的好處，例如，短片的製作團隊不像電影長片一樣規模龐大、分工較細，因為人數精簡，每個人都得做更多事，也因此獲得許多日後能派得上用場的技能；此外，團隊的感情也更好，這對公司未來的製作計畫很有幫助。

短片也幫助我們和觀眾建立情感連結，觀眾覺得那是某種彩蛋、附加的享受；在公司內部，大家都知道短片沒有商業價值，製作短片讓員工知道皮克斯重視藝術，強化了我們的價值觀，也讓員工更具向心力。

最後，我們發現短片失敗的成本相對低廉（由於我相信錯誤不僅無法避免，也很有價值，所以這是好事）。例如多年前，一名童書作家想替我們執導電影，我們很喜歡他的作品，決定先讓他嘗試短片，藉此了解他有沒有製作電影與團隊合作的技巧。結果他製作的短片長達十二分鐘，比較像是「中片」，而非「短片」，不過長度可以有彈性。真正的問題在於導演雖然非常有創意，卻無法決定故事的主軸，短片迂迴曲折，缺乏重點和情感張力。他雖然創意驚人，卻無法解決故事的問題，這也是製作電影最大的挑戰。我們只得中止計畫。

我們在這個實驗上花了兩百萬美元，數目並不小，不過這筆錢花得很值得，就像蘭夫特當時說的：「模型火車失事總比真正的火車失事好。」

六、學習觀看

《玩具總動員》上映後的那年，我們推出為期十週的課程，教導新進員工使用皮克斯的專利軟體。我們把課程稱作皮克斯大學，聘請一流的技術人員來主持。不過在當時，這個**大學**比較像是訓練研討會，而不像高等教育機構。開培訓課程的理由很充分，但是我其實有別的用意，而且在達成目標的過程中，我們會發現意外的驚喜。

皮克斯雖然有很會畫畫的員工，不過大部分都不是藝術家。但我們希望大家明白學習繪畫過程中的一個重要原則，所以聘請艾麗斯．克蕾曼（Elyse Klaidman）來教導我們如何提高觀察力。她曾以一九七九年貝蒂．愛德華的著作《像藝術家一樣思考》為靈感，開設繪畫工作坊。在那段時間，你經常可以在皮克斯聽到左腦和右腦思維的概念，也就是L模式和R模式。L模式負責語言和分析，R模式是負責視覺和感知。克蕾曼告訴我們，雖然很多活動都會同時使用L模式和R模式，但是畫畫時必須關閉L模式。這等於是在學習壓抑大腦快速下結論的部分，才能畫出眼前真正的影像，而非腦袋裡的物品。

例如畫一張臉，大多數人會勾勒出鼻子、眼睛、額頭、耳朵和嘴，但沒有正式學過畫畫的人可能畫得不成比例，因為對大腦來說，臉部不同部位的地位並不相同，像是用來溝通的眼睛和嘴巴比額頭重要，我們會花更多心力辨識眼睛和嘴巴，因此往往把它們畫得太大，同時把額頭畫得太小。我們不是畫下真正的臉，而是大腦**告訴**我們的模式。

我們的大腦是運用概括模式來辨識物品，那些模式必須包含特定物品的所有不同樣貌。例如，我們想像鞋子時不能想得太具體，因為必須包括各式各樣的鞋子，從細高跟鞋到工作靴。大腦的概括能力是重要的工具，但是有些人能夠在短時間內從概括轉移到特定，就像畫畫時，有些人就是畫得**比別人好**，他們究竟如何做到？如果是因為他們比較擅長拋開先入為主的想法，我們是不是都能透過學習做到？

在大多數情況下，答案是可以。

美術老師運用一些技巧，像是把物品顛倒放置，讓學生把物體看成純粹的形狀，而不是熟悉、可辨識的物品（例如鞋子）。因為無法自動套入模式，大腦就不會扭曲這個上下顛倒的東西。另一個技巧是讓學生專注於負空間（negative spaces），也就是物品本身之外的周遭空間，例如繪製一張椅子時，我們腦海中的椅子，也就是心智模式，會使我們無法完全畫出眼前的景象，因為我們對椅子有先入為主的概念。但是，如果**不要**畫椅子，而是畫椅腳之間的空間，比例就比較容易畫得正確。原因是大腦雖能識別出椅子，卻沒有替椅腳之間的空間指定任何意義，因此不會想辦法「糾正」，使它符合我們的心智模式。

這門課的目的是幫助學生看到物品原本

的模樣，忽略大腦把物品轉換成概略模式的本能。訓練有素的藝術家看到椅子，就能夠在大腦的「識別」功能告訴他椅子**應該**是怎樣之前，捕捉到眼睛觀察到的形狀和顏色。

色彩也是一樣，我們看到一座湖，大腦會直覺地認為湖是藍色，我們也因此**看到**藍色。如果把湖畫成藍色，你會發現它在畫布上看起來不太對勁。但是，如果透過小孔觀看同一座湖泊的不同位置（因此脫離「湖」的概念），看到的顏色會是實際存在的綠、黃、黑，加上白色的閃光。不讓大腦填入色彩，我們才能看到真正的顏色。

在這裡要特別補充，學會運用這些方法的藝術家不會看不到我們看到的畫面，他們只是看到的比我們**多**，因為他們知道如何關閉心智驟下結論的傾向，添加觀察的技巧。這就是為什麼學校不應該刪減美術課，美術課不是只在學畫畫，而是學習觀看的技巧。

無論你是否曾拿起畫板或夢想成為動畫師，我希望你明白，只要透過練習，就可以訓練大腦不受成見干擾，清楚看到眼前的物品。有時專注於一項事物，你可能更難看清它。我們必須學習控制模糊視野的習慣和衝動。

我提到這門課程，不是想證明每個人都能學會畫畫，重點在於你可以學會拋開成見，可以學習運用不同方式，在思考問題時忽略心中的成見。畫「非椅子」可以是一種增加感知能力的隱喻。正如看著**不是**椅子的部分，就能讓椅子變得更突出，**把焦點從特定問題上拉開，轉而觀察周圍環境，往往可以帶來更好的解決方案**。例如電影的場景出問題，通常得修改其他部分，那才是我們應該注意的地方。皮克斯的製作人很擅長跳脫問題，到故事其他地方尋找解決方案。同樣地，幫助迪士尼解決製作團隊和監督小組的衝突時，我們必須從問題的根源下手，質疑監督小組是否應該存在。需要處理的是先入為主的觀念。

七、事後剖析

製作電影要歷經不同階段，包括概念、保護、發展規畫和製作，往往長達好幾年。電影終於上映，工作似乎告一段落。不過在皮克斯，還有一個重要的階段——事後剖析。每完成一部電影，我們都會開會檢討哪裡成功、哪裡失敗，並強化我們學到的教訓。企業和個人一樣，不會光是因為信心滿滿就能變得卓越，而是要了解哪些地方**需要改進**。事後剖析就是了解的途徑。

我們第一次召開事後剖析會議是在一九九八年，《蟲蟲危機》製作完成幾星期後，在加州提布隆市（Tiburon）進行。那時我們已製作了兩部電影，深知還有很多環節需要學習。開會時，每個人只能上台發言十五分鐘，有人帶來一只公雞形狀的廚房定時器，用最傳統的廚房用品管理高科技動畫的討論程序。

這場事後剖析會議歷時一整天，我們討論所有製作環節。我對會議中的精神記憶最深刻。所有人都不帶任何戒心，認真思考我們的做事方式，並敞開心胸，挑戰既有的想法，從錯誤中學習。

我們除了以電影為榮，也對我們堅守孕育電影的文化為傲。從此，我們決定完成每部電影之後，都要進行類似的深度分析。

不過，之後要達到同樣的洞察程度並不容易。這些年來，有些會議很有深度，有些根本在浪費時間，因為與會者不願說出內心的想法。我明白這是人的天性，如果可以在別的地方紮營，何必吵醒熟睡的熊？事實上，事後剖析就像不得不吞的苦藥，雖然必要，卻一點也不有趣。這又是另一個難題，為什麼有些事後剖析會議那麼糟，其他卻很有成效？

既然大家都同意事後剖析對我們有幫助，我一直無法理解為什麼那麼多人避之唯恐不及。很多人認為他們在執行過程中已經學到教訓，只想趕快前進；此外，很多問題會出現，是因為特定的人犯錯，所以大多數人都不想回顧，畢竟有誰樂意參加可能讓自己遭受質疑的會議？我們寧願討論自己做對了什麼，而非出了什麼問題，只想利用這個場合，再次讚揚優秀的團隊。我們都想避免令人尷尬的討論。

類似的情況不僅在事後剖析發生，一般來說，人都會抗拒自我評估。很多人在檢視公司表現時，結論往往是：「我們很成功，所以我們一定做得很對。」或者是反過來：「我們失敗了，所以我們做錯了。」這種想法很膚淺，我們不能因為恐懼而錯失這種機會。我認為事後剖析有五個好處，前兩個顯而易見，後面三個則沒那麼明顯。

強化學到的教訓

我們在執行計畫時雖然能學到最多，不過這些教訓不一定連貫。很多人得到很棒的領悟，卻未必有時間傳遞出去，或者當下發現過程有缺陷，但是沒有時間解決。事後檢討可以強化學到的教訓，讓我們有時間深入分析，這在執行計畫時不可能做到。

把經驗傳授給不在場的人

即使參與製作的人都明白自己學到什麼教訓，沒有參與的人卻很難得知。我們可以藉著事後剖析把正面或負面的經驗傳遞給別人。經驗得來不易，有時並非那麼明顯，也不一定有意義，事後剖析不但提供別人學習的機會，也可以挑戰某些決策背後的邏輯。

排解怨恨

很多問題是由於誤解或失誤造成，可能導致怨恨或不滿，如果放任不管，很可能惡化。提供這個場合，讓大家以相互尊重的方式表達不滿，就更能釋然、繼續前進。我見過很多例子，計畫完成後很久，嫌隙仍然無法消除，如果利用事後剖析讓大家抒發情緒，也許更容易化解心中的芥蒂。

強迫反思

我喜歡會引導思考的原則，事後剖析、以及智囊團和每日進度檢視會議之類的活動，都是為了促使團隊思考、評估。準備事後剖析的過程和會議本身同樣有價值，換句話說，一旦訂出事後剖析的開會時間，團隊就得開始反省。如果說事後剖析提供公開檢討的機會，之前的準備就是替成功的檢討架設舞台。我甚至認為事後剖析九〇%的價值是來自會議前的準備。

傳遞智慧

我們可以在事後剖析會議提出下一次執行計畫該問的問題。一場好的事後剖析會議，能讓大家帶著正確的問題繼續前進。我們不一定能找到正確答案，但是如果能提出對的問題，我們就具備了領先優勢。

事後剖析雖然有諸多好處，大多數人卻依然抗拒，所以我想分享一些技巧，讓管理者能加以充分利用。首先是讓會議進行的方式多樣化，事後剖析是讓我們從經驗中汲取教訓，如果重複相同的形式，很可能得到的教訓也相同，那對任何人都沒什麼幫助。如果你發現一種開會模式有效，每一次都運用這個模式，結果就可能被操控。這是「顛覆成功做法的法則」，意思是假使找到成功的做法，不要指望下一次也會成功，因為大家下一次就知道如何操控那個方法。所以可以嘗試「事中剖析」或是縮小事後剖析的主題。在皮克斯，我們曾經請團隊開課傳授做法。我們也會偶爾成立工作小組，去解決橫跨幾部電影的問題，第一個工作小組大幅改變我們安排進度的方式，第二個完全失敗，第三個則引發重大轉變，我會在最後一章討論這件事。

接下來，不要忘記很多人還是不願公開批評別人，所以我會要求在場所有人列出兩張清單，分別是下一次還會做的五件事，以及最**不會**再做的五件事。平衡負面和正面的建議，大家比較容易說出內心的想法，優秀的會議主持人也有助於達到這種平衡。

最後是要運用數據。很多人以為創意公司做的事無法測量或分析，事實卻非如此，我們許多活動和成果都可以量化為數據，像是記錄事情發生的頻率、某項工作有多常重做、完成計畫估計的時間和實際花了多少時間、工作送到另一個部門之前是否真正完成……等等。我喜歡數據，因為數據很中立，沒有摻雜價值判斷。討論數據引發的問題，不會像討論個人經驗那麼容易激發情緒。

皮克斯製作人琳賽．柯林斯（Lindsey Collins）曾說數據讓她安心。「我剛開始做這份工作時，看到歷史數據和模式，會覺得鬆一口氣。」她說道，「數據能幫助我拆解看似模糊的過程，建立大致的架構。」

不過我們要了解數據的力量和局限。我們能夠透過數據分析生產流程，例如建造模型、場景、繪圖、燈光要花多少時間；當然，數據也很狹隘，只能讓我們看見一小部分發生的事。不過我們可以透過數據找出潛在的模式，藉以討論並幫助我們改進。

數據有其限制，我們不能過度依賴數據。正確分析數據並不容易，我們不能假設自己一定能了解數據的意義，否則很容易找到錯誤的模式。相反地，我喜歡把數據想成觀察的工具，用來尋找隱藏的問題。我們不能誤用工具，以為只要靠著數據就能找出答案。有些人對數據完全不感興趣，也有人相信只要靠著數據就能管理，兩種極端都會導致錯誤的結論。

很多商界和教育界人士相信：「你無法管理無法衡量的事物。」這句話其實很荒謬，因為我們看不到的事物實在很多，管理有很大部分根本**無法衡量**。我們不可能靠著數據描繪完整的畫面，若不明白這一點，就會忽略我們看不見的部分。我的做法是**盡量測量、評估測量的數據，同時了解很多事物無法衡量。至少每隔一段時間都要後退一步，思考自己在做什麼。**

八、持續學習

最後，我要再回頭介紹皮克斯大學和克蕾曼的畫畫課。那些初期課程非常成功，當時皮克斯一百二十名員工當中，有一百人報名上課。我們逐漸拓展皮克斯大學的課程，包括雕刻、繪畫、表演、冥想、肚皮舞、真人電影製作、電腦程式、設計與色彩理論、芭蕾。我們免費提供課程，除了花時間尋找最好的老師，也要付出在上班時間讓員工上課的實際成本。

這些課程對**皮克斯**到底有什麼好處？

雖然不能直接提高工作績效，但是事實證明，讓剛入行的燈光師、資深動畫師，以及法律、會計或保全部門的人坐在一起，是極其寶貴的經驗。員工在課堂上的互動方式和工作場合不一樣，比較能放鬆、開玩笑，也能敞開心胸、展現脆弱的一面。階級完全不重要，溝通因此變得流暢。大家一起摸索學習，在繪製自畫像、編寫電腦代碼、馴服一團粘土的過程中，我們變得更謙虛。皮克斯大學改變公司的文化，讓大家更尊重彼此，也讓我們再次變成初學者。創意必然包含失誤和不完美，我希望同事都能接受這個想法——公司與所有成員都應該願意偶爾承擔風險。

也許有人質疑這種課程的效用、花費是否值得。上述的社交互動其實出乎我們意料，不過皮克斯大學的目的從來就不是把程式設計師變成藝術家，或是把藝術家變成專業的肚皮舞者，我們希望所有人知道不斷學習新事物的重要。**強迫自己嘗試不曾嘗試的東西，我們才能保持彈性，讓大腦更靈活**，這就是皮克斯大學的意義。

每個人小時候都心胸開放，樂於接受不同想法，因為這是學習的**唯一途徑**。畢竟大多數孩子生活中遇到的都是從未見過的事物，孩子別無選擇，只能接受新事物。但是為什麼長大後就失去這種美好的心態？我們是從什麼時候開始，從好奇的孩子變成害怕驚喜、相信自己無所不知、試圖控制一切的成年人？

這讓我想到多年前，有一天晚上我去參觀女兒就讀的加州馬林郡小學的藝術展，走廊上掛著從幼稚園到五年級生的畫作。我發現一年級、二年級生的作品比五年級生的漂亮、有創意。在長大的過程中，小孩意識到自己畫的東西不夠真實，因此變得猶豫謹慎，畫作也變得生硬古板、缺乏創意。他們可能擔心別人發現他們犯的「錯」，對批評的恐懼便阻礙了創造力。

如果這種恐懼在我們小學時就形成阻礙，難怪成年之後，我們會需要大量訓練才能關掉內心的批評，回到心胸開放的境界。韓國禪宗要我們超越已知，擁有「不知的心」，這也是創意人的目標：像孩子般地接納新事物。日本的禪學也把不被已知事物束縛的概念稱為「初心」，我們要經過多年修煉，才能重新找回並保持「初心」。

公司剛成立時，創辦人一定都抱持著初心，也就是初學者的心態，對一切都能接納，畢竟他們的損失不會太大。但是公司成功後，領導人往往會脫離那份初心，認為自己已經找到做事的方法，不想再當初學者。這也許是人的天性，但我們應該抗拒這種天性。如果不願意學習，你很可能會不斷重複，不再創新。換句話說，試圖避免失敗，反而更可能失敗。

把注意力放在當下，不要讓自己被過去和未來阻礙，你就能騰出空間接納他人的想法。這麼做能讓我們開始信任別人，更重要的是，去**聆聽**別人的想法。那也讓我們願意嘗試可能失敗的做法。那能鼓勵我們自我反思、建立自己的回饋制度，並幫助我們增進留意問題的能力。我們必須了解，放手才能提升創意。就像作曲家菲利浦．葛拉斯（Philip Glass）說的：「真正的問題不是如何找到自己的聲音，而是……擺脫那該死的東西。」

|第 11 章|

等待創造的未來

很多人對創意抱持浪漫的想法：某人靈機一動，想到一部電影或一種產品的概念，然後那個視野遠大的人便領導團隊，歷經千辛萬苦，終於實現目標。其實我的經驗完全不是這樣。我認識很多創意天才，卻想不出有哪一個在一開始就能明確表達那種概念。

根據我的經驗，創意人是靠著逐漸發現、不斷努力才能實現想法。創意比較像馬拉松，而非百米衝刺，你要調整自己的步伐。很多人要我預測電腦動畫的未來，我雖然盡量認真回答，但事實上，正如導演無法確知剛萌芽的電影會變成什麼模樣，我也很難想像未來的技術會如何發展，因為**那個世界還不存在**。我們前進時依靠的是原則、意圖和目標，不是預見未來的能力。我在猶他大學的好朋友凱伊（他是蘋果電腦首席科學家，也是把我介紹給賈伯斯的人）就說得很好：「預測未來最好的方法是創造未來。」

這句話聽起來很像汽車保險桿貼紙的口號，但是含意深遠。畢竟發明是主動的過程，來自於我們的決定。如果想改變世界，就要創造新事物。但是我們如何創造尚未存在的未來？我相信我們只能創造最好的環境，幫助它出現。在那樣的環境，真正的信心就會油然而生，不是隨時都知道怎麼做的信心，而是可以一起想辦法解決問題的信心。

這種不確定的感覺可能令人惶惶不安，我們希望知道自己前進的方向，但是創意強迫我們踏上未知的路徑，要我們走到已知和未知的交界。每個人都有創新的潛能，但是有些人畏縮不前，有些人則奮勇前進，他們究竟是如何做到的？那些才華洋溢的人從經驗中學習到，**已知和未知之間有一個「甜蜜點」，創意就是在那裡出現，關鍵是要在那裡待得夠久，不要驚慌失措**。根據皮克斯和迪士尼動畫製作人的說法，那代表要培養一種能讓自己撐下去的心智模式。這種做法也許沒什麼科學根據，但是我認為這樣的想像力很重要。有時——特別是在困難計畫的初始階段——我們只能靠著自己的心智模式熬過難關。

例如，皮克斯的製作人沃克就藉由把工作想像成握著一座上下顛倒的大金字塔，塔頂就在他的掌心。「我一直往上看，想辦法保持平衡，」他說道。「有沒有哪一邊人太多？基本上我有兩個任務：管理藝術家和控制成本，兩者都牽涉到許多我看不到的人際互動，也就是在上面金字塔較寬的一端。大半時間我根本不了解發生什麼事，我必須接受這個事實，這就是神奇之處。訣竅永遠在於讓金字塔保持平衡。」

到目前為止，我已經探討皮克斯用來建立、保護創新文化的機制，以及拓展視野的技巧，像是研究之旅、皮克斯大學和智囊團的傳統。我也大致談論過保持開放心胸的重要。現在我想介紹一些能幫助從事創新工作的人熬過困境的心智模式，我認為這些模式非常重要。現在就讓我們檢視幾種我的同事與我會使用的方法，這些方法能讓我們在不停創新、朝著尚未創造的未來前進時，不會被疑慮擊垮。

讓自己在困境中熬過去的心智模式

柏德說他執導《超人特攻隊》時經常做一個夢，在夢境中，他開著一台老舊的旅行車，搖搖晃晃，蜿蜒前進，車裡沒有別人，所以車子顯然是由他操控。「但是我坐在後座！」他說道。「不知為何，我還是握著方向盤，但是我根本看不到路，因為我在後座。我只能不停對自己說：『不要撞到！不要撞到！』」他的感想是：「身為導演，有時候你要開車；其他時候，你得讓車子自己走。」

每一次聽柏德描述這個夢境，我都發現其中熟悉的主題——看不見、對未知的恐懼、無助、無法掌控。這些恐懼在他入睡時出現，但清醒時，他則是拒絕當後座司機，採用另一種心智模式來駕馭恐懼。

柏德告訴我，他把執導電影想像成滑雪。他說，兩者相似之處在於：如果太緊張或想太多，你就會出事。擔任導演，有時事情太多、時間太少，不免感到恐懼。但是他也知道，如果一直想這些事，他很可能會瘋掉。他說：「所以即使時間不夠，我也告訴自己還有時間，我告訴自己：『我要假裝還有很多時間，坐下來好好思考，不要盯著時鐘，因為這樣更可能解決問題。』」這就是當導演很像滑雪的地方。「我喜歡滑很快，」柏德提到他去科羅拉多州韋爾（Vail）滑雪場度假的經驗。「一個星期內，我四度因為跌倒摔壞護目鏡，每一次都得去滑雪場商店，跟店員說：『我需要護目鏡。』後來我發現，一直跌倒，是因為我拚命叫自己**不要**跌倒。所以我決定放鬆，告訴自己：『快速過彎一定很可怕，但是不要想太多，只要好好享受。』改用這種正面態度之後，我就沒有再跌倒了，這有點像是奧運選手花了好幾年時間訓練，只為了一個不能犯錯的時刻。如果想太多，就做不到自己原本知道怎麼做的事。」

運動員和音樂家經常進入一種「境界」，在那個神祕的地方，他們關閉內心的批評，完全活在當下。在那裡，他們思路清晰、動作精確。心智模式能夠幫助他們抵達那種境界，就像盧卡斯把公司想像成朝西部前進的篷車隊，所有乘客都是團隊的一份子，堅定不移地追求目標。皮克斯和迪士尼動畫的導演、製片、編劇，也是運用類似的機制，大量利用想像的力量。把問題想像成熟悉的畫面，可以讓他們在因未知的壓力而信心動搖時，還有能力隨機應變。

迪士尼導演霍華德告訴我，他的吉他老師曾經對他說：「如果想太多，你就彈不好。」他很喜歡這個概念，至今在擔任導演的工作中也經常用到它。「彈奏樂器時，你要自在輕鬆，進入禪的境界，不假思索地讓音樂流動。」他告訴我。「我覺得介紹分鏡腳本時也差不多是同樣的情況。當我快速進行，不過度思考或擔心每一張圖片是否完美，只是隨著場景的感覺走，用心介紹每一個場景，像是憑著直覺去做，我就會有最好的表現。」

霍華德的焦點是速度——「快速進行」複雜的邏輯和敘事問題——這讓我想起史坦頓的說法。史坦頓相信愈快失敗愈好，他認為快速行動可以防止自己浪費時間擔心有沒有選對路徑。果斷做出決定，即使發現決定不正確，也不要自責。史坦頓把導演比喻為船長，在茫茫大海中，團隊得依賴船長帶他們抵達陸地。導演要告訴他們：「陸地在那個方向。」導演說的不一定對，但史坦頓說，如果沒有人決定前進的方向，船就哪裡也去不了。領導人可以改變心意，說：「好吧，其實不是那一邊，是**這邊**，我錯了。」只要下定決心，全力朝著目的地前進，團隊成員會接受你改變方向。

「大家希望你果斷，但是如果搞砸了，也希望你誠實以對，」史坦頓說。「這點很重要，你**要讓團隊參與問題，不是只讓他們知道解決方案。**」

這是我提過的重要概念，領導人不能讓團隊失去信心，只要開誠布公，做出合理的決定，你的團員就會繼續划槳前進。但是，如果船只是不斷原地打轉，而你又堅持那是一種前進，團隊就會畏縮不前。他們比誰都清楚自己很努力工作、卻哪裡也到不了。員工希望領導人有信心，但是不能只是裝模作樣。史坦頓相信領導就是做出你當時覺得最好的決定，快速前進，萬一發現錯誤，你還有時間改變航向。

另外要注意的是，如果是與他人密切合作的創意工作，就得接受合作帶來的附加問題。大家會提供許多建議，幫助你用不同角度看事情，也會在你萎靡不振時替你打氣、提供讓你變得更好的點子，但是你也必須持續互動和溝通。換句話說，他們是你的盟友，但是你得努力打造這個聯盟，不要只覺得麻煩。就像史坦頓說的：「如果在海上航行，目標是避免壞天氣和大風大浪，那你究竟是為了什麼航行？你必須接受你無法控制的惡劣天氣。一定有好日子，也會有不好的時候，無論發生什麼，你只能處理和面對，因為你最終的目標是到達彼岸。你無法精確地控制過程，這就是遊戲規則。如果你的目標是輕鬆容易，那就不要上船。」

遇到驚濤駭浪或是停滯不前，我們可以運用史坦頓的心智模式面對難以避免的恐懼。如果把創造力視為不斷汲取用來創造不存在事物的資源，我們的恐懼就是源自於必須創造不存在的事物。就像之前討論過的，很多人靠著重複過去成功的經驗來克服這種恐懼，但這不是解決問題的好方法，反而會引導我們走到和創意相反的方向。我們要運用技能和知識開創新局，而非重複過去的做法。

導演和編劇會運用各種心智模式，讓自己在逆境中繼續前進、追求目標。道格特把執導電影比喻為在漫長的隧道裡奔跑，不知道還要跑多久，但是他相信最後一定可以平安走出另一端。他說：「中間有一段時間很可怕，你伸手不見五指，看不到入口的光線，另一端也一片漆黑，只能繼續前進。然後你開始看到一點光，然後又再多看到一點，突然之間，你就走到明亮的陽光下了。」

這個比喻讓那段伸手不見五指、不確定能不能找到出口的時間，變得沒那麼可怕。因為理智告訴你隧道有兩端，遇到中間那段令人困惑的漆黑時，你就能抑制情感上的反應。與其陷入慌亂緊張，真正了解創造力的導演知道，相信陽光會再度出現，會輕鬆得多。重點是不要停止前進。

替迪士尼動畫執導《無敵破壞王》的摩爾，則是把拍電影想像成走迷宮。他不會胡亂奔跑、瘋狂地尋找出口，而是用指尖輕觸著牆，慢慢向前移動，不時放慢腳步評估，運用觸覺幫助他記憶走過的路線。但是為了避免恐慌，他會一直移動。他說：「我從小就喜歡走迷宮，但是你尋找出口時必須保持鎮靜。看到出問題的電影，我會想：『他們在迷宮裡發狂，他們嚇壞了，電影才會出問題。』」

幾乎每一部皮克斯電影的創意問題，彼得森都曾協助解決，他也有一套心智模式，他說這套模式是拜史坦頓所賜。彼得森說，製作《蟲蟲危機》時，史坦頓把拍電影比喻為挖掘考古文物，電影會隨著製作進展慢慢出現。「你一開始不知道會挖出什麼恐龍，」彼得森說，「然後，你挖到了一點點。你也許同時在兩個不同的地方挖，但隨著愈挖愈深，恐龍就會開始出現。只要看到一小部分，你就會更知道該怎麼挖。」

我曾多次向彼得森和史坦頓說我反對這個比喻，正如我說過的，我相信我們製作一部電影，不是在挖掘被埋在泥沙裡的東西，而是在創造新事物。但是他們認為，把電影想像成已經存在的事物，就像米開朗基羅看到困在大理石裡的大衛，幫助他們不致偏離軌道、失去希望。所以我雖然堅信觀眾在銀幕上看到的電影，不是從某顆有遠見的大腦中完整浮現出來的，我還是必須考慮到這個想法：相信電影的元素已經存在，等待我們發現，能夠幫助我們在搜尋的過程中撐下去。

如果這種模式能引發你的共鳴，別忘了其中的缺陷。史坦頓也警告說，在挖掘過程中，並不是你發掘的每一根骨頭都一定屬於你想組裝的骨架（可能有好幾隻不同恐龍——也就是故事——的骨頭混雜其中）。你會很想運用你找到的所有元素，即使不合適，畢竟那些都是你歷經千辛萬苦才挖掘出來的東西，但是你要敏銳、嚴格地分析每一根骨頭，比對其他發現的部分，看看是否吻合，電影就會漸漸成形。史坦頓說：「過一陣子，骨頭會告訴我那是什麼東西。這就是你要追求的境界：電影會告訴你它想變成什麼模樣。」

先思考你的工作與問題，再打造適合的心智模式

《玩具總動員3》的編劇艾恩特和我時常針對他的心智模式進行辯論。他把寫劇本比喻為蒙著眼爬山，他喜歡說：「第一個祕訣，是找到山。」換句話說，你要不斷摸索，讓山出現在你面前。值得注意的是，他說，爬山不一定代表上升，你可能往上爬了一陣子，感覺不錯，卻掉入縫隙，在你找到路爬出來之前都得被迫待在下面，而且你無法預知縫隙會在哪裡出現。

我喜歡這個比喻，除了暗示山已經存在的部分之外。就像史坦頓的考古挖掘，是指藝術家要「找到」隱藏的藝術品或點子。這違背了我的中心信仰：未來尚未創造，我們必須創造未來。如果寫劇本像蒙著眼爬山，意思是目標是找出已經存在的山，但是我相信創意人的目標應該是從頭開始建立**自己的山**。

但是我尊重各種心智模式，只要能夠幫助他們完成工作。等待創造的未來是個巨大的空間。這種感覺很可怕，所以很多人緊緊抓住已知的事物，只是稍微加以調整，無法探索未知的空間。要進入令人畏懼的空白世界，我們需要各方面的協助。艾恩特是編劇，代表他要從一張空白稿紙開始，他必須無中生有，想像蒙眼爬山對他有用，他說，因為那樣能讓他做好準備，面對工作必然的跌宕起伏。

以上幾個模式有一個共通點：都在尋找看不見的目的地——大海另一端的陸地（史坦頓）、隧道末端的亮光（道格特）、迷宮的出口（摩爾）、那座山（艾恩特）。這對要帶領大型團隊完成故事或電影的創意領導人來說也很合理。導演或編劇一開始的目的地都不清晰，但是依然要奮勇前進。

製片的工作就不太一樣，必須更理性。導演提出創意視野，編劇替故事建立架構、讓故事生動有趣，製片就得保持實際，確保電影沒有偏離軌道、超出預算，所以他們的心智模式當然也不一樣。還記得沃克的倒金字塔嗎？他的心智模式重點不在於爬山或到達目的地，而是平衡多種相互競爭的需求。其他製片也有自己的心智模式，但是共通點都是管理各種力量，更別提數百人都有自己的想法，全都需要平衡。

曾經和史坦頓合作多次的製片柯林斯把自己想像成變色龍，能隨著任務不同而改變顏色。那不是為了討好對方，而是讓自己變成當下需要的模樣。「我有時是領導人，有時要追隨別人；有時主導一切，有時一句話都不說，讓大家自行找出做事的方法。」她說道。適應環境，像變色龍讓自己和背景融為一體，就是柯林斯管理不同力量的方法。她說：「我深信創作過程本來就應該混亂，如果放入太多架構，反而會抹殺創意，所以要提供適當的結構和安全感——在財務上與情感上——但也得允許混亂發生與存在一陣子，其中有著微妙的平衡。你必須評估每一種狀況，了解各種需求。然後你得**成為**他們需要的角色。」

至於評估的方式，柯林斯笑說她是採用「神探可倫坡效應」（Columbo effect）。在這個電視影集中，彼得．福克（Peter Falk）飾演的傳奇偵探老早就鎖定兇手，卻在破案過程顯得笨手笨腳。舉例來說，在調停兩組溝通不良的團隊時，柯林斯會假裝自己一頭霧水。「我會說：『可能是我的問題，我還是不太懂，不好意思，問這麼笨的問題。你能不能再解釋一次那是什麼意思？把我當成兩歲小孩說給我聽。』」

優秀的製片和管理者不是站在高處做決策，他們伸出援手、聆聽、爭論，有時得勸誘，他們的心理模式反映了這一點。皮克斯另一位製片薩拉斐恩認為，她想像自己工作的方式要歸功於臨床心理學家泰比・凱勒（Taibi Kahler）。「凱勒理論的重點是，到別人所在之處去見他們。」薩拉斐恩說道。她談到凱勒所謂的「過程溝通模式」（Process Communication Model），把管理比喻為在一棟大樓裡搭乘電梯，從一個樓層到另一層。薩拉斐恩說：「把不同個性想像成不同公寓很有道理，住在不同樓層的人，看到的視野也不一樣。」高樓層的人可能坐在陽台，一樓的住戶可能在庭院休息。如果想和別人有效溝通，你必須到他們住的地方去見他們。「皮克斯團隊最優秀的人，無論是導演、製片、製作人員、藝術家，都能夠搭乘電梯到不同樓層，去見他們當時需要見的人，和對方溝通。你可能得先讓一個人發洩二十分鐘，抱怨某件事為什麼看起來不對勁，才能繼續和他討論細節；另一個人可能說：『除非你把我需要的東西給我，我才能在期限前完成。』我的任務就是每天在樓層間上下移動。」

薩拉斐恩也把自己想像成引導羊群的牧人，她和柯林斯一樣，會先評估局勢，找出引導羊群最好的方式。「我可能在山上丟掉幾隻羊，得去找回來。」她說道。「有時我必須跑到最前面，有時待在後面。羊群中間會發生我看不到的事。我忙著尋找迷路的羊的時候，可能會沒注意到其他事。我也不確定我們要上山還是回穀倉。我知道最後要去哪裡，但是過程可能非常緩慢。也許一輛車穿過馬路，羊正好擋在中間，我看著手錶，心想：『天啊，羊，走快一點！』但是羊會按照自己的步調移動，我們只能盡量控制，不過真正的任務是留意前進的方向，想辦法帶領羊群。」

這些模式包含許多到目前為止討論過的主題——控制恐懼、尋求平衡、果斷決定（但是也承認自己可能犯錯）、讓團隊感到有所進展。要打造適合你的心智模式，重要的是先仔細思考你要解決什麼問題。

很多人用火車比喻公司。巨大的火車沿著軌道向前移動，越過高山和廣闊的平原，穿過濃霧和黑夜。如果出問題，我們會說「脫軌」或是「失事」。有人把皮克斯的製作團隊比喻為運作順暢的火車頭，他們很希望有機會駕駛。很多人認為自己有能力開火車，認為那代表權力的位置——開火車可以塑造公司的未來。不過事實並非如此，真正重要的工作是鋪設軌道。

忽略當下，只能短暫逃離痛苦；關注當下，才能真正減少痛苦

我經常重新思考自己是運用什麼模式，來面對不確定與改變，以及提升員工能力。在盧卡斯影業，我想像自己在一群野馬背上努力保持平衡，其中一些跑得比較快；其他時候，我想像自己的雙腳踏在平衡板的兩端，下方是滾動的圓柱。無論我想像什麼畫面，重點都是如何保持平衡，不偏向任何一端，以及如何按照精心策畫的計畫行事，卻依然保持開放的心胸，接納別人的點子。隨著經驗不斷累積，我的心智模式也持續進化——現在也依然在進化中。

有個模式一直對我有很大的幫助，那是在我研究「正念」（mindfulness）時偶然發現的。近年來，這個主題漸漸吸引學術界或商業界關注。相關著作主要著重於正念能如何幫助人們減少生活

的壓力、引導注意力。但是我發現正念還能幫助我釐清關於如何增進創意團隊合作的想法。

幾年前的夏天，我的妻子蘇珊覺得我需要好好休息，便送我一個禮物，安排我參加科羅拉多州紅羽湖市（Red Feather Lakes）香巴拉山中心（Shambhala Mountain Center）的禁語禪修，我因此得到啟發。這場為期一週的課程對象是初學者，但是七十名學員當中，只有我沒有靜坐經驗。對我來說，好幾天都不說話實在難以想像，甚至有點奇怪。我很好奇，有點笨手笨腳地跟著做，兩天後，我們進入完全寂靜的狀態。我很惶恐，不知道如何處理腦中喋喋不休的聲音。到了第三天，我的腦袋依然轉個不停，又不能開口說話，我差一點放棄。

很多人聽過東方所謂「活在當下」的重要，意思是訓練自己觀察當下發生的事物，不要擔心過去或未來。要做到這點並不容易，但是這個概念背後的哲學很重要：一切事物隨時都在變化，你無法阻止，試圖阻止反而會導致痛苦。但是我們似乎沒有從中得到教訓。更糟的是，抗拒改變剝奪我們的初學者心態，導致我們無法敞開心胸迎接新事物。

在香巴拉山中心的那個夏天，我沒有放棄，儘管我是第一次接觸「正念」這個專有名詞，它卻和我花很多時間思考的皮克斯的問題產生共鳴：控制、改變、偶然、信任、後果。創意人最基本的目標之一，就是追尋一顆澄澈的心，但每個人到達那個境界的路途並未被標示出來。我向來都知道內省的重要，那是我第一次嘗試在沉默中內省。後來我每一年都去打禪，除了對個人有益，我也將之運用在管理上。

專注於當下，就能把心力放在眼前的問題，不會被計畫或流程干擾。「正念」幫助我們了解想法是很主觀、轉瞬即逝的東西，並去接受我們無法掌控的事。最重要的是，它能讓我們對不同想法保持開放的心胸，並直截了當地處理問題。有些人誤以為全心思考問題就是「正念」，但是如果在這樣做的同時，潛意識卻被擔憂和期望束縛，沒有意識到自己無法看清問題、或其他人比我們更了解問題，就等於根本沒有敞開心胸。

同樣地，組織內的團隊也經常緊守計畫和過去的做法，以至於無法敞開心胸，看不到眼前的改變。

後來，我偶然間在播客（Podcast）看到的一場演講，又進一步幫助我了解這個想法。那是二〇一一年的佛客大會（Buddhist Geeks Conference），凱莉．麥格尼格爾（Kelly McGonigal）發表了名為〈靜坐的科學證據〉（What Science Can Teach Us About Practice）的演說，在史丹佛大學任教的麥格尼格爾提到最近關於大腦運作方式的研究，證明靜坐可以減輕痛苦，而且是身體實際感受到的痛苦。

首先，她談到蒙特婁大學（University of Montreal）二〇一〇年的一項研究。研究對象分成兩組，一組由經驗豐富的禪修人士組成，另一組是沒有靜坐習慣的人，兩組人的小腿都被綁上熱源，施以相同的痛苦測試。受試者被接上儀器，追蹤大腦哪些區塊受到刺激。透過觀察腦部影像，研究人員發現，有靜坐經驗的人即使在實驗過程中沒有靜坐，對疼痛的忍受度都比沒有靜坐習慣的人高很多。麥格尼格爾解釋，靜坐人士的大腦會注意到疼痛，但是他們知道如何關閉內心喋喋不休的聲音，所以比沒有靜坐的人更能忍受痛苦。

接下來，麥格尼格爾舉出維克森林大學（Wake Forest University）所做的類似研究，對象是一群只接受過四天訓練的靜坐初學者。當他們進入實驗室，被施予相同的痛苦測試，結果有些人比其他人更能忍受疼痛。我們忍不住會猜測，這是因為這些人就是可以快速學會靜坐，他們就是比別人擅長。但腦部影像顯示，他們的大腦運作方式和有經驗的靜坐人士**完全相反**。麥格尼格爾說，他們沒有把心念放在當下，而是「**抑制**感覺訊息，讓注意力轉開，忽略當下發生的事，所以比較不會感受到痛苦：他們抑制意識，而非仔細關注意識」。

我覺得這一點很有趣，因為我在管理時也看過類似的行為。麥格尼格爾談到大腦傾向壓抑問題，而非正面處理。讓狀況變得更困難的是，抑制想法的人**以為**他們和面對問題的人做的是相同的事。在努力關注當下的過程中，有些人不小心做了完全相反的事。我們轉移、忽略問題，也許有一陣子，這種行為能夠帶來不錯的結果。但是在麥格尼格爾引述的實驗中，專注於當下的人不會忽視眼前的問題，他們看到、感覺到綁在腿上的熱源，但是能夠讓反應平靜下來，也就是關閉大腦因為過度思考而放大問題的傾向，因此比較不會感受到痛苦。

專注於眼前的事物，不要緊抓住過去或未來不放，大大幫助我釐清組織的問題，提醒同事不要執迷於沒有價值的計畫或流程。同樣地，承認問題（而非訂立規則、設法壓制問題）也對我有莫大幫助。

每個人都可以運用各式各樣的心智模式：倒金字塔、看不見的山、亂竄的馬、四處晃蕩的羊，重要的是我們每個人都要努力建立一個框架，幫助我們敞開心胸、創造新事物。這些心智模型能在我們走過黑暗時替我們壯膽，並讓我們有能力踏上驚險有趣、充滿未知的旅程。

第四部

測試

| 第 12 章 |

新挑戰

「我考慮把皮克斯賣給迪士尼。」賈伯斯這麼說。拉薩特和我驚訝不已，異口同聲地問道：「你說什麼？」

那是二〇〇五年十月，我們剛抵達賈伯斯與妻子和三個孩子位於帕羅奧圖市的住所。他邀我們一起吃晚餐，但是突然間，拉薩特和我都沒有胃口了。

一年半前，合作多年的迪士尼和皮克斯才宣告關係破裂。賈伯斯和迪士尼的董事長兼執行長艾斯納突然中止討論續約，雙方都不太愉快。嫌隙的起因是艾斯納宣布迪士尼動畫要設立名為「圓七」（Circle 7）的部門，負責製作皮克斯電影的續集，而且不讓我們參與。他們態度強硬，搶走我們創造的角色，逼我們攤牌。拉薩特說，他覺得艾斯納好像要綁架他的小孩，他很愛胡迪、巴斯光年、彈簧狗、暴暴龍……，就和愛自己的五個兒子一樣，拉薩特傷心欲絕，覺得自己沒辦法好好保護他們。

現在，賈伯斯居然想和對我們做這種事的公司合作？

現在回想起來，我其實早有預感。賈伯斯和艾斯納的關係雖然很糟，他仍然相當欣賞迪士尼的其他部分，例如，即使沒有採納迪士尼行銷人員的提議，他仍會私下提醒我們，關於那個領域他們知道的比他多。賈伯斯認為迪士尼的行銷、打造周邊商品的能力，還有他們的主題公園，都讓迪士尼成為皮克斯的首選合作夥伴，這點的確毋庸置疑。

賈伯斯提出和迪士尼合併的想法時，迪士尼也經歷了很多改變。首先，艾斯納已經離開，由羅伯特．艾格（Robert Iger）取代。艾格上任後做的第一件事就是努力修補和賈伯斯的關係。他們達成協議，讓iTunes上可以收聽美國廣播公司（ABC）的熱門節目，賈伯斯因此開始信任艾格。賈伯斯認為艾格行事果斷，願意對抗當時電視產業反對在網路播放娛樂性節目的風潮。他們花了大約十天談成iTunes的協議，艾格沒有讓保守勢力從中阻撓。但是圓七部門依然在運作，正準備製作《玩具總動員3》，完全不打算讓我們參與。

拉薩特和我坐在那裡，賈伯斯在客廳踱步，告訴我們他的理由。當然，他已經從各種角度研究過了：第一，皮克斯需要行銷和發行的夥伴，讓電影能在世界各地的戲院上映——好吧，這一點我們已經知道；第二，賈伯斯認為，合併能幫助皮克斯站上更大、更堅固的舞台，承擔更多創意風險。他說：「皮克斯現在是一艘遊艇，合併之後，我們就能登上巨型遠洋輪船，大風大浪、惡劣天氣不再對我們有那麼大影響。我們會受到保護。」賈伯斯講完後，看著我們的眼睛向我們保證，除非我們兩人同意，他不會繼續和迪士尼商談，但是他要我們做決定前幫他一個忙。

他說：「去認識羅伯特．艾格。我只要求這麼多。他是好人。」

幾個月後，二〇〇六年一月，迪士尼以七十四億美元收購皮克斯動畫工作室。不過，賈伯斯證明了這不是典型的併購。他提議讓我和拉薩特同時管理皮克斯和迪士尼動畫，由我擔任總裁、拉薩特是首席創意總監，因為賈伯斯認為（艾格也同意），如果兩間工作室有不同的領導人，可能出現不良的競爭關係，導致兩間工作室都被拖垮。老實說，他也認為讓我們掌管兩間工作室，能夠確保皮克斯的傳統不會被規模大很多的迪士尼取代。

就這樣，拉薩特和我突然有機會把我們幾十年來在皮克斯累積的經驗拿到另一個環境測試。我們重視坦誠、不畏懼、自覺的理論，能不能在這個新環境獲得證實？還是那只是我們這家小公司獨有的特色？拉薩特和我必須找出這些答案，同時還要設法用對兩者都有利的方式管理兩間截然不同的公司。

拉薩特認為，皮克斯有許多致力於創新藝術形式、追求最高水準說故事方式的先驅；迪士尼動畫則是擁有輝煌的傳統，是卓越動畫的金字招牌，員工渴望製作出符合華特．迪士尼傳統、也能與時並進的作品。坦白說，我和拉薩特不知道我們管理創意的理論在那裡能否成立。我們必須維持皮克斯的健全，同時讓迪士尼動畫再次壯大。

這一章主要談論的就是我們管理皮克斯與迪士尼的一些方法，同時也正觸及我撰寫本書的動機。《玩具總動員》上映後，我替自己立下的目標，就是創造能夠永續發展的創意環境。皮克斯和迪士尼的結合，是證明我們在皮克斯創下的成果也能在其他地方實現的機會——至少是對我們自己證明。收購的準備與執行階段提供了最好的個案研究，所以我非常興奮。不過，我要先談談合併一開始是如何發生的，因為我認為我們在最早期做的一些事，替合作打下了很好的基礎。

避免合併影響皮克斯文化的種種努力

「去認識羅勃特．艾格。」賈伯斯這樣說過。所以，幾星期後，我就這麼做了。我們在伯班克的迪士尼工作室附近吃晚餐，我馬上就對他產生好感。一見面他就告訴我一個故事：一個月前，香港迪士尼樂園開幕，他看著遊行隊伍，不同故事角色成群結隊從他面前走過，包括唐老鴨、米老鼠、白雪公主、小美人魚……，還有巴斯光年和胡迪，他突然頓悟一件事。「過去十年被創造出來的經典角色，都是皮克斯電影裡的角色。」艾格說道。他告訴我，雖然迪士尼公司觸角廣泛，包括主題公園、郵輪、周邊產品到真人電影，但動畫永遠是他們的命脈，他決心要看到那部分業務再次成長。

讓我印象深刻的是，艾格很喜歡問問題，而非大發議論，他的問題都很直接。他說他想了解皮克斯為什麼那麼特別。皮克斯和迪士尼合作這麼多年，第一次有迪士尼的人問我們這個問題。

艾格的主管生涯中經歷過兩次併購，包括大都會通訊公司（Capital Cities Communications）在一九八五年收購美國廣播公司，以及迪士尼在一九九六年買下大都會／美國廣播公司（Cap Cities/ABC），他說其中一個是很好的經驗，另一個卻很負面，所以他深知**公司合併之後，絕對不能讓一個文化主導另一個**。他向我保證，如果我們繼續討論併購計畫，他會努力確保這種情況不會發生。他的目標相當明確——重振迪士尼動畫，並保留皮克斯的自主權。

幾天後，拉薩特和艾格吃晚餐。後來拉薩特和我交換想法，他同意艾格和我們的價值觀很相似，但他擔心併購會摧毀我們最珍視的坦率和自由的文化，以及有建設性的自我批評。拉薩特時常把皮克斯的文化比喻為有機體，他曾經告訴我：「我們好像找到了一個在從不支持生命的行星上培育生命的方法。」他不希望那個有機體受到威脅。我們相信艾格的善意，卻擔心規模龐大的迪士尼會在不經意間壓制住我們。但是艾格向拉薩特保證，他會和我們一起努力，確保這種事不會發生。他告訴我們，這次併購的金額不小，他必須向迪士尼董事會遊說，當然不希望賠上自己的名聲。所以，他怎麼可能去傷害迪士尼要收購的資產的價值？

我們走到做決定的岔路口，必須考量影響重大的因素。兩間工作室要保持什麼樣的關係？皮克斯和迪士尼動畫能不能平等、獨立地發展？

二〇〇五年十一月中旬，拉薩特、賈伯斯和我到賈伯斯在舊金山最喜歡的日本料理店吃晚餐。討論到合併會帶來的挑戰時，賈伯斯說了一個故事：二十年前，一九八〇年初，蘋果公司開發出兩款個人電腦，分別是麥金塔和莉莎（Lisa），他們要求賈伯斯主持莉莎部門，這不是他想做的事，也承認自己做得不是很好。他不但沒有激勵莉莎團隊，還告訴他們，他們已經輸給麥金塔團隊，換句話說，他們的努力永遠不會得到回報。賈伯斯告訴我們他錯了、不該打擊團隊士氣。他說，如果這次合併成功，「我們不能讓迪士尼動畫的人覺得他們輸了，我們必須讓他們有信心。」

拉薩特和我對迪士尼都有很深的情感，我們一輩子都在實踐華特．迪士尼的藝術理想，所以想到要走進迪士尼動畫的大門、肩負振興員工士氣的任務、幫助他們重振旗鼓，雖然令人怯步，但也很有價值且重要。吃完飯的時候，我們三個人都同意，如果聯手合作，我們會讓皮克斯、迪士尼和動畫的未來都更美好。

拉薩特和我知道這個消息會讓皮克斯的同事很震撼。拉薩特回憶道：「大家聽到這個消息，應該會和**我們**在賈伯斯家聽到他提出這個想法一樣震驚。」所以我們要在正式公布之前盡可能讓他們安心。我們制定一些措施，防止皮克斯因錯誤的因素而改變。在徵求艾格同意之後，我們起草一份文件，後來訂名為「五年社會契約」。這份文件長達七頁，詳細列出合併通過後，皮克斯必須保持不變的事項。

契約分成五十九條，包含許多你可能想像得到的主題，像是薪資、人力資源政策、休假和福利，例如第一條，是確保皮克斯管理團隊仍然可以在電影票房到達一定基準後，頒發獎金獎勵員工；有些則與個人風格有關，例如第十一條，是皮克斯員工仍然可以決定自己名片上的頭銜和姓名，以及第三十三條，皮克斯員工可以自由設計「個人辦公空間，反映其獨特個性」；有些則是關於公司活動，像是第十二條，皮克斯仍會舉辦各種派對和活動，包括節日派對、電影殺青派對、年度車展、紙飛機大賽、五月節和夏季烤肉會；有些則是維護皮克斯的平等精神，像是第二十九條，沒有人有指定停車位，包括管理階層，所有停車位都是先到先停。

雖然我們無法確定這些努力維護的事項是皮克斯成功的原因，但我們對這些事有強烈的情感，打算盡力不讓它們改變。皮克斯與眾不同，這是我們的特色，所以這些傳統必須維持。

推動這筆交易另一個重要的因素是信任。談判接近尾聲時，迪士尼董事會對於皮克斯的重要人才沒有被簽下來很不滿意。

他們認為，如果迪士尼買下我們，結果拉薩特、我或其他領導人離開公司，那會是一場災難，所以他們要求我們在合併前要先跟他們簽約。我們拒絕了，皮克斯向來秉持的原則是，員工在皮克斯工作，是因為他們想這麼做，不是因為合約要求，所以皮克斯沒有跟任何員工簽約。但是，即使我們是基於核心信念而拒絕，迪士尼董事會還是產生疑慮。在此同時，皮克斯也有很多人擔心迪士尼的官僚體系會在不經意之間破壞我們的制度。雙方都認為合併是很大的風險，最後，我們了解這次合併的重點是兩間公司必須相互信任。雙方都不願辜負這場協議的初衷，我認為這才是建立關係的理想方式。

公司出售當天，艾格飛到皮克斯位於奧克蘭附近愛莫利維爾市（Emeryville）的總部。協議簽署完成，並向證券交易所通報之後，賈伯斯、拉薩特和我走上皮克斯中庭末端的舞台，向八百名員工宣布這個關鍵的時刻，我們希望同事了解合併的原因，以及這筆交易的內容。

拉薩特、賈伯斯和我接連上台陳述合併的理由——皮克斯為什麼需要強而有力的合作夥伴、這麼做會如何幫助我們發展，以及我們如何決心保護皮克斯的文化。一如預期，同事看起來有些難過，我們也一樣。我們很愛他們，也很愛他們努力建立的公司，我們知道未來要面臨很大的轉變。

我們歡迎艾格上台，同事對他的反應很熱情，這讓我覺得很自豪。艾格告訴皮克斯員工的話和他對我們說的一樣，首先，他很喜歡我們創作的東西，以及他經歷過一次很糟和一次成功的併購，而這次他決心要把事情做對。他說：「迪士尼動畫需要幫助，所以我有兩個選擇，第一個是讓原來的領導人去做，另一個是去找我信任的人，他們已經有很好的紀錄，創造出許多受人喜愛的故事和角色。那就是皮克斯。我向你們保證，我們會保護皮克斯的文化。」

接著，賈伯斯與艾格和分析師開了一小時的視訊會議，他們實現承諾，宣布關閉圓七部門。賈伯斯說：「如果要製作續集，我們希望原始的製作團隊參與其中。」

到了晚上，拉薩特、賈伯斯和我終於有機會喘口氣，我們上樓，躲進我的辦公室。關上門後，賈伯斯用手臂環繞著我們，哭了起來，那是摻雜自豪和如釋重負的淚水，坦白說，還有愛。他把皮克斯拉拔長大，幫助我們從經營不善的硬體供應商轉型為成功的動畫工作室，還成功提供了讓我們維繫下去的合作夥伴迪士尼，以及真心擁護皮克斯的艾格。

隔天早上，拉薩特和我飛到迪士尼位於伯班克的總部。我們和高層主管握手、見面，不過最主要的目的是讓迪士尼動畫的八百名員工認識我們，向他們保證我們沒有敵意。下午三點，我們走到迪士尼製作外景的七號大攝影棚，棚裡擠滿了迪士尼動畫的員工。

艾格首先發言，他表示，併購皮克斯並非不重視迪士尼的地位，而是證明他有多愛動畫，他認為那才是迪士尼最重要的業務。輪到我發言時，我很簡短地告訴新同事，大家都願意說出內心的想法，公司才能成功。我說，從今天開始，迪士尼動畫每一名員工都應該可以自在地和任何同事溝通，無論位階如何，不用擔心後果。這是皮克斯的中心原則，不過我隨即補充，這會是少數幾次，我沒有事先和他們討論就導入皮克斯的做法，我說：「我希望你們知道，我不希望迪士尼動畫變成另一個皮克斯。」

我想盡快把麥克風交給拉薩特，他和場內許多藝術家志同道合，早已受到他們敬重。我感覺拉薩特能夠讓他們安心，我想的沒錯，他的演說充滿熱情，提到故事和角色發展的重要，以及藝術家和電影導演與製作人在相互尊重的文化下合作，會如何讓故事和角色都變得更棒。他談到以導演為主的動畫工作室的意義，是要製作發自人的內心的電影，並和觀眾產生真正的連結。

聽到迪士尼員工的歡呼聲，我想拉薩特和我做到了賈伯斯的要求，我們沒有讓他們覺得自己輸了。幾年後，我問合併前在迪士尼動畫待了十年的導演納森．格雷諾（Nathan Greno）那天早上他在想什麼，他告訴我：「我在想，也許我童年時希望效力的迪士尼終於要回來了。」

合併初期要做的事

第一天到伯班克上班，我不到八點就抵達迪士尼動畫。我想趁著大家還沒到之前走進大廳，了解這裡的狀況。我安排迪士尼的設備經理克里斯．希布勒（Chirs Hibler）帶我參觀。我們先到地下室，我注意到的第一件事，是辦公桌似乎看不到個人物品，這點實在令人費解。皮克斯的工作空間充分展現著個人特色，從辦公桌的各種布置、裝飾、改造，就可以了解主人的癖好和熱情。但是在這裡，每張桌子都乾乾淨淨，完全看不到個性。我第一次向希布勒問及這件事時，他含糊地搪塞了幾句，便繼續往前走。到處都是空盪盪的，於是我幾分鐘後又問了一次，他依然沒有正面回應。我們走上樓、進入建築物中心時，我轉身直接問希布勒：這個創意環境為什麼看不到有個性的工作區域，是不是有什麼禁止的政策？希布勒終於停下來，告訴我，由於知道我要來，大家都被告知要清理自己的辦公桌，好讓我有「良好的第一印象」。

這顯示出我們有多少工作得做。最令人擔憂的不是缺少個人物品，而是這件事所代表的疏離感和恐懼。這裡似乎過分強調避免犯錯，連裝飾辦公空間這種小事，都沒有人敢放手一搏或犯一點錯。

這種疏離感也反映在建築設計上，這裡的空間規畫似乎妨礙我們向來重視的合作和意見交流。員工分散在四個樓層，去找同事得大費周章，最下面兩層就像地牢，陰暗、低垂的天花板，窗戶很少，幾乎沒有自然光線。這樣的環境無法激發和培養創造力，只讓人感到沉悶、隔離。最上層是「行政套房」，入口處氣勢輝煌，散發出不鼓勵員工進入、近似於封閉社區的氣氛。簡單說來，我覺得那是很糟的工作環境。

所以最緊迫的任務是做些基本的改建，首先，我們把很不討喜的頂樓行政套房改裝成兩間寬敞的故事室，讓導演與製作人可以聚在一起針對電影集思廣益。拉薩特和我把辦公室設在二樓正中央，移除形成障礙的祕書隔間（大部分祕書反而都有自己的辦公室），拉薩特和我刻意不拉上辦公室的窗簾，讓所有人都能看到我們，我們也可以看出去。我們的目標是以言語和行動證明溝通的透明度，我們沒有用大門分開「我們」和「他們」，而是鋪設顏色鮮明的地毯，引導人們走進我們的辦公室。我們打掉幾面牆，在我們的辦公室外面打造出聚會的空間，並加裝咖啡和零食吧。

這些做法聽起來也許只具象徵意味，甚至有些膚淺，但是傳送出的訊息卻為某些組織的重大變革架設了舞台。還有更多改變即將發生。我在第十章提到廢除「監督小組」的決定，這個團隊的職責是仔細審查電影製作報告，確保電影如期進行，但其實結果只會削弱員工士氣。不幸的是，監督小組只是迪士尼內部阻礙創造力的好幾個階級機制之一。我們竭盡所能一一處理，但剛開始真的很辛苦。

為了了解迪士尼的員工、導演和製作計畫，我們必須做個快速審核。拉薩特和我要求製作中的電影團隊向我們簡報，我也約談工作室的每一名主管、製片和導演。說實話，我沒辦法從這些約談中得到太多結論，但這也不是白費時間，因為大家認為拉薩特和我是空降部隊，和他們坐下來聊天，可以讓他們更了解我這個人。整體而言，我們知道迪士尼思考電影的方式出了問題，但不知道是因為領導人能力不足，或者只是訓練不足，我們必須先假設他們只是承襲了錯誤的做法，而我們的工作就是重新教導他們。所以我們要尋找願意學習、成長的人，但這個任務很難在短時間內完成，我們有大約八百人要評估。

儘管如此，我們持續按照策略前進。

我們需要建立類似智囊團的制度，並教導他們如何在其中工作。迪士尼的導演雖然喜歡彼此，但是每一部電影都得爭奪資源，以致難以發展出團隊情誼。如果要創造健全的回饋制度，就必須改變這個狀況。

我們還要找出誰是工作室的實際領導人，也就是不要假設是坐在最大辦公室的人在領導公司。

製作和技術團隊顯然處於競爭狀態，據我所知，這樣的不和是源於誤解。我們必須解決這個問題。

我們一開始就決定讓皮克斯和迪士尼動畫完全保持獨立，這是很重要的決定，但大多數人並未發覺。多數人以為我們會讓皮克斯製作3D電影、迪士尼製作2D電影，或者以為我們會合併兩間工作室，或授權迪士尼使用皮克斯的工具。但我們認為兩間工作室一定要分開。

拉薩特和我開始在愛莫利維爾和伯班克之間往返，每週至少一次。起初，我們請皮克斯的財務長幫助我們構思並執行程序上的改變，另外請了一名技術指導幫助迪士尼改革技術團隊。除此之外，我們沒有讓兩間工作室替對方做任何製作方面的工作。

策略建立後，我們就可以深入去理解要做的事。

迪士尼首要任務：建立信任與有效的回饋制度

迪士尼一名高層主管很快引起我的注意，他告訴我，他不知道迪士尼為什麼要買皮克斯。他顯然喜歡拿運動來比喻，說迪士尼動畫已經在最後一碼線上，準備得分了。他認為迪士尼就快要解決問題，結束長達十六年沒有票房冠軍電影的休耕期。我喜歡這傢伙的勇氣與願意反抗，但是我告訴他，如果他要繼續待在迪士尼，就必須找出為什麼事實上迪士尼**沒有**在最後一碼線上、準備得分，也**沒有**即將解決自己的問題。那名高層主管很聰明，但是我漸漸發現，請他幫忙拆除自己建立的文化實在太強人所難，只好讓他離開。他太迷戀現有的程序、太想證明自己是「對的」，以致看不見自己的想法有多大的缺點。

最後我倚重的主管是很多人以為我會馬上解雇的人：圓七的領導人安德魯．米爾斯坦（Andrew Millstein）。大多數人覺得，拉薩特和我會把與皮克斯「續集」相關的人視為有汙點，但是老實說，我們完全沒有那種想法。圓七團隊和製作皮克斯電影續集的決定完全無關，他們只是受雇行事。我和米爾斯坦談過之後，覺得他不但深思熟慮，也渴望了解我們的新方向。他替迪士尼的問題下了總結：「我們的製作團隊失去了自己的聲音。他們不是不想表達意見，而是組織的力量已經失衡，不只在內部，也包括工作室和企業的其他部分，所以削弱了創意的聲音。平衡已經消失了。」

我很快發現米爾斯坦和我有志一同，我們可以合作，後來我們請他擔任工作室的總經理。

另一名對我們很有幫助的員工，是迪士尼動畫人力資源部的負責人安・雷・肯姆（Ann Le Cam）。儘管她熟悉過去的做法，卻有強烈的求知欲，也願意改造工作室。她幫助我了解迪士尼的內部運作方式，我則鼓勵她用另一個角度思考自己的職務。例如，我剛上任時，她來我的辦公室，給我看她花了兩個月準備的兩年計畫，她井然有序地列出我們應該如何處理各種人事問題，包含會達到的具體的目標以及達成的時間。我委婉地告訴她這不是我想要的東西，我在紙上畫一個金字塔，跟她說：「妳在這份報告裡做的事，是斷言在兩年內，我們會到達這裡。」我把筆芯放在金字塔頂端，「但是，一旦做出這種斷言，人類的天性就是會把所有精力放在實現這個目標上，停止思考其他可能性。妳的思維會變得狹窄，一心想保護這套計畫，因為妳的名字會被列在上面，妳會覺得自己必須負責。」然後，我開始在金字塔上畫線，讓她知道我希望的做事方式。

我畫的第一條線（圖一），代表我們三個月內瞄準的目標。下一條線（圖二）代表再過三個月可能抵達的地方（你會注意到那條線沒有留在肯姆的兩年計畫範圍內）。我說，最後抵達的地方，可能不是她想像的金字塔頂端，而那才是我們該去的地方（圖三）。與其列出實現未來目標的「完美」路線、堅定地沿著路線前進，我希望肯姆能夠沿路調整、保持彈性，接受邊走邊想的概念。她不僅馬上了解我在說什麼，也很快依據這個新的思考方式，對自己的團隊展開困難的重組工作。

有些需改進的問題很明顯，例如，我們在跟迪士尼的導演們聊的時候，發現他們以前會收到三組針對他們電影的建議便條，一組來自工作室的開發部門，另一組來自工作室的主管，第三組來自艾斯納。那些建議便條其實不是「建議」，而是一份強制執行的清單，每個建議旁邊都附了一個格子，執行之後要在格子上打勾。更糟的是，給他們建議便條的人從來沒有製作過電影，而且三組建議經常相互矛盾。這完全違背我們在皮克斯的理念，只會降低電影品質，所以我們宣布：以後再也不會有這種強制執行的建議便條。

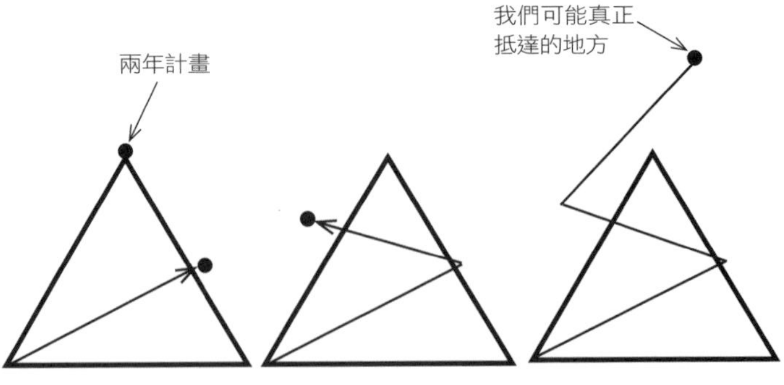

圖一：三個月　　圖二：六個月　　圖三：兩年

迪士尼動畫的導演需要有效的回饋制度，所以我們馬上著手幫助他們建立迪士尼版本的智囊團——一座安全的競技場，可以為發展中的計畫徵求與解讀坦誠的建議。（由於他們彼此欣賞、信任，讓推動過程變得比較容易。甚至在我們接手之前，他們已經私下組成名為「故事智囊團」〔Story Trust〕的團隊，但是由於管理階層不了解這個概念，所以沒有進一步發展成連貫的討論會。）我們以最快速度安排了十幾名迪士尼導演和故事專家飛到皮克斯，實地觀察智囊團會議。那場會議是討論柏德的《料理鼠王》，不過拉薩特和我告訴他們，他們只能觀察、不能參與。我們希望他們靜靜體會，當同事能夠坦率發言，同時是以協助（而非嘲笑）的心態提供建議時，事情會有什麼不同。

隔天，幾名皮克斯導演、編劇、剪輯和迪士尼成員一起飛回伯班克，觀察《未來小子》（*Meet the Robinsons*）的故事智囊團會議。在這裡，我們也堅持皮克斯團隊要安靜觀察、不能發言。那天的會議氣氛好像比較輕鬆，迪士尼的人彷彿是在小心翼翼地探索自由的界限。那部電影的製片後來告訴我，這是她在迪士尼參與過最有建設性的會議。儘管如此，拉薩特和我感覺到，雖然每個人在理性層面都樂於接受坦率直言的概念，如果要他們這麼做，也會開始去做，但也要一段時間才能自然而然地做到。

這項改革的關鍵時刻出現在二〇〇六年秋天，合併後九個月，在相當可怕的《美國狗譚》（*American Dog*）試映會後的故事智囊團會議上。那部電影的主角是隻養尊處優的狗明星，有點像超級狗明星任丁丁（Rin Tin Tin），牠相信自己就是牠在電視裡扮演的超級英雄。但是狗明星後來受困沙漠，不得不第一次面對現實：牠井然有序、照本宣科的生活，並未為牠做好準備，牠也根本沒有神奇的力量。點子聽起來不錯，但是後來的劇情卻出現殭屍連環殺手——一名身上帶有輻射的賣餅乾女童軍。我支持古怪的想法，但這一次實在太誇張。這部電影還在尋找方向，所以拉薩特一如往常，在會議一開始先把重點放在他喜歡的部分，他也指出他有看到一些問題，不過希望把主導的機會留給迪士尼的人，所以沒有說得太深入、具體。可是整場會議的評論都很表面，而且異常樂觀，光是從那些評論來判斷，你不會知道這部電影出了問題。後來，迪士尼一名導演私下告訴我，開會時很多人覺得電影有問題，但沒有說出內心的想法，因為他們覺得拉薩特一開始說得很正面，從這一點得到暗示後，他們便不想反對他們以為拉薩特喜歡的東西。他們不相信自己的直覺，所以沒有坦率直言。

拉薩特和我馬上安排與導演吃晚餐。我們告訴他們，如果以後還是用這種方式思考，工作室一定會完蛋。

我請導演霍華德形容他們當時的心態時，他告訴我：「迪士尼動畫有點像不斷挨打的小狗。團隊希望成功，卻害怕把所有心力放在不會成功的事物上。你可以感受到那種恐懼。我們開會時都擔心傷害彼此的感情，所以語帶保留。我們必須了解我們攻擊的不是人，而是那部電影。只有那樣，我們才能打造出一個大鍋爐，燒乾不成功的元素，只留下最扎實的框架。」

建立信任需要時間，才能讓大家了解我們真的是共存亡的。我們必須提高警覺、適時介入，例如在開會時把沒有說出內心想法的人拉到一邊，或者鼓勵似乎不願加入爭執的人一起討論，才不會讓進展停滯。說真話很不容易，但是今天我可以說，迪士尼故事智囊團的成員都了解，他們不僅必須對彼此坦誠，也知道如何做得更好。

剛開始幾個月，我們也用另一種方式加強內部的信任。我提過我們拒絕簽署聘雇合約，現在我們也進一步取消所有人的合約。起初，很多人認為這麼做是為了奪走員工的力量、讓他們感覺沒有保障，事實上，我認為這樣的合約傷害的是員工**以及**雇主。那份合約一面倒地對工作室有利，引發了意想不到的後果，其中最嚴重的，是老闆和員工之間不再有正面的反饋。即使覺得公司有問題，員工也沒有抱怨的必要，畢竟合約都簽了；另一方面，如果員工表現不佳，主管也不願和他們正面衝突，反正不要續約就好，而那很可能是員工第一次聽到自己需要改進的時候。整個系統不鼓勵溝通，文化開始出問題，但是因為大家都習慣了，對問題也就視而不見。

我想打破這種循環。確保員工希望在迪士尼動畫工作是我們的責任，如果最有才華的員工可能隨時離開，我們就必須提高警覺，讓他們保持開心。問題出現時，我們希望的是把問題迅速帶上檯面，而非讓它潰爛惡化。大多數人都知道並非所有事情都能如他們所願，但是要讓他們知道我們會正面處理，我們也會聽見他們的聲音。

絕無例外的原則：兩間工作室不能互相支援

就像我說過的，我們一開始就決定要讓皮克斯和迪士尼動畫保持獨立，意思是任何一間工作室都不會參與對方的製作工作，無論期限有多緊迫、情勢有多危急，都絕無例外。為什麼？因為混合兩邊的員工會造成許多制度上的問題，但我們同時也有一項涵蓋一切的管理原則。簡而言之，我們希望每一間工作室都知道自己能夠獨立生存、解決自己的問題，如果讓工作室能夠輕易向對方商借人力或資源，幫忙解決問題，結果就會掩飾問題。選擇這麼做，是因為我們希望迫使問題浮上檯面，才能直接去面對。

不久後，我們就在製作《料理鼠王》時遇到危機，嚴重考驗這個政策。

這部電影製作到一半時，我們臨時撤換導演，請剛拍完《超人特攻隊》的柏德改寫故事，技術部門因而得重新啟動。在早期版本中，所有老鼠都用兩隻腳走路，柏德認為除了主角小米之外，其他老鼠都應該用四條腿走路，就像真正的老鼠一樣，意思是老鼠的「骨架設定」（rigging）——一組複雜的控制系統，讓動畫師能夠控制角色的造型與姿勢——必須大幅改變。皮克斯製作團隊發現進度嚴重落後，認為他們沒有足夠的資源重新設定骨架。製片說除非能從迪士尼借一些人來幫忙，否則他們無法在期限前完成電影，況且當時迪士尼正好也沒有電影要製作。我們說不行，那不是選項。我們之前就跟所有人解釋過原因，不過他們可能想測試我們有多認真。這不是他們的錯，添加人力當然比解決問題容易。但最後，《料理鼠王》團隊還是自己找出準時完成電影的辦法。

不久之後，迪士尼製作《美國狗譚》時也遇到危機，就是那部有殭屍連環殺手的電影。我們雖然喜歡新奇的點子，但是這種情節似乎不適合闔家共賞。我們雖然有疑慮，但還是決定讓電影有機會發展，尋找電影主線總是需要時間。不過，故事智囊團會議召開十個月，電影依然不見改善。我們決定重新製作，找來資深故事分鏡藝術師克里斯・威廉斯（Chris Williams）（他最有名的作品包括《花木蘭》和《變身國王》〔*The Emperor's New Groove*〕），以及《星際寶貝》（*Lilo and Stitch*）的動畫總監霍華德接手執導。他們馬上開始重新構思，刪掉連環殺手的情節，把電影更名為《雷霆戰狗》（*Bolt*）。他們認為最大的問題是明星狗波特（Bolt）的外表不夠討喜，撐不起這部電影。霍華德回憶道：「牠還不能見人。」他補充說，在二〇〇七年聖誕節前夕，「我們召開一場『這隻狗看起來很糟』的會議，我們問：『要怎麼改造牠？』兩名動畫師便自告奮勇，利用耶誕假期和骨架設定師重新製作波特。他們花了整整兩週的假期，我們回來時，波特的魅力已經從二〇%提升到九〇%。」

事情太多、時間太少，所以《雷霆戰狗》的製片克拉克・斯賓塞（Clark Spencer）想借用皮克斯的製作人員。同樣地，拉薩特和我說不行，我們認為要讓工作室知道，他們完成電影，不是依靠別人的幫助，而是憑著自己的力量完成。

威廉斯後來告訴我，領導製作這部電影，看到在這麼大的壓力下，工作團隊如此全心投入，讓他覺得很振奮。他回憶道：「真的很開心有機會製作這部激勵整間工作室的電影。我在迪士尼十五年，從沒見過大家這麼努力、這麼少怨言。他們真的很認真，知道這是拉薩特加入後的第一部電影，他們希望做得很棒。」

這是好事，因為後來又出現另一個危機。

二〇〇八年年初，電影裡最有趣的角色、主角的搭檔胖倉鼠「阿諾」出了問題。製作期限只剩幾個月，動畫師說他們需要更多時間繪製阿諾。這次的問題和皮克斯《料理鼠王》的問題正好相反，更改過的腳本需要阿諾用兩條腿走路，但是最初設定是用四條腿走路。聽起來問題不大，但是用四條腿的骨架設定繪製兩條腿走路的角色極度困難，角色看起來一定會變形。這是個嚴重的挫折。阿諾是電影幽默和闡述的關鍵，但是動畫師說牠太難畫了，他們不可能在期限內完成。我們只好向技術指導求助，問他們能否簡化骨架設定，讓動畫師畫起來容易一點。可是他們說，重新設定骨架至少要半年，我們剩下的製作時間也就這麼多。換句話說，我們死定了。

拉薩特和我召集全體員工，說明情況。我上台講了一番話，至今在迪士尼還有人稱之為「那場豐田演說」，我描述豐田汽車如何讓生產線員工遇到問題可以自己做決定。拉薩特和我特別強調，每一個迪士尼員工的解決方案都不用等待批准。我們問，如果不讓員工解決問題，我們又何必雇用優秀人才？長久以來，恐懼的文化阻礙想跨出既定框架的人。我們說，這種膽怯的心態不會讓迪士尼動畫變得更強大，只有創新才能做到，而且我們知道他們很有創意。我們希望他們挺身而出，協助我們解決問題。

會議結束後，劇組有三名成員自告奮勇擔起重任，花了一個週末重新替阿諾設定骨架，不到一個星期，電影就回到正軌。

為什麼只花幾天就能解決的問題，原先預計要六個月？

我想，那是因為長久以來，迪士尼動畫的領導人過度重視不要出錯。員工知道犯錯的下場一定不太好，所以他們的目標是不要犯任何錯。這種恐懼的文化導致《雷霆戰狗》的混亂事件，製片主管在遇到危機時提出的時間表，是確保角色效果完美，**沒有任何錯誤**。諷刺的是，如果只花幾天就找到解決方法，你就不會那麼在乎有錯，因為還剩很多時間可以修正那些錯誤。但是在這次的情況下（我認為大部分情況下都是），避免犯錯，才是錯誤的做法。

我們必須在迪士尼動畫灌輸一種精神，讓他們能決心一起脫離常規，思考解決方案，那種精神是要讓大家覺得**有沒有成功**都無所謂。迪士尼工作室曾經有過這種風氣，但是我們加入時已經蕩然無存。製作《雷霆戰狗》的過程中，看到這種精神再度出現，實在令人振奮。威廉斯、霍華德和他們的創意團隊心胸開放、迅速反應，最重要的是，他們可以把重心從找到「對」的方法解決問題，轉移到真正著手解決問題。其中的差別很微妙，卻很重要。

後來《雷霆戰狗》上映，獲得正面評價，票房也很亮眼，不過內部的勝利早已激勵迪士尼動畫的同事。他們同心協力，在短時間內把乏善可陳、停滯不前的作品轉變為引人注目的電影。二〇〇九年年初，這部電影獲得奧斯卡最佳動畫長片提名，又是額外的鼓勵。有時你很難分辨什麼可行、什麼不可能做到，在創意環境，分辨錯了可能會很致命，但是做對了總是令人振奮。在迪士尼，《雷霆戰狗》證明了這個真理。

管理兩間工作室的挑戰

合併之後，經常有人提出關閉迪士尼動畫的想法。賈伯斯和一些人認為我和拉薩特會疲於奔命，沒辦法同時管理兩個地方，他們覺得我們應該集中精力，讓皮克斯更強大。但是我們很希望重振迪士尼動畫，艾格也支持我們的目標。拉薩特和我由衷相信，迪士尼工作室可以再次繁榮起來。

不過，賈伯斯擔心我們無法兼顧並非毫無根據，畢竟一天只有這麼多小時，我們待在皮克斯的時間必然減少。併購消息一公布，拉薩特和我就一直想辦法減輕同事的憂慮，和希望了解併購原因的員工辦了好幾場聚會。但是，我們開始花更多時間待在迪士尼之後，很多人直接告訴拉薩特和我，大家都認為我們愈來愈少出現在愛莫利維爾、愈來愈常把心力放在伯班克，是很不好的徵兆。皮克斯一名主管把情況比喻為父母離婚之後和別人再婚、又收養配偶的孩子。「我們是原本就有的小孩，一直很乖，但卻是繼子得到所有的關注。」他說，「某種意義上來說，我們不需要那麼多幫助，卻因而受到懲罰。」

我不希望皮克斯員工覺得被忽略，但我發現這也不是沒有好處。這種新的現實狀況讓皮克斯其他主管有機會挺身而出。拉薩特和我領導皮克斯那麼多年，已經形成一種危險的迷思，也就是雖然我們不是唯一發現問題的人，卻是解決問題的重要角色。但真相是，其他人因為更接近問題，往往比我們更早發現問題，是他們跟我們提出問題並幫助我們解決。我們減少出現在辦公室的時間，可以讓皮克斯員工有機會看到我已經知道的事：公司其他領導人也知道答案。

然而，儘管我們施行許多保障措施，皮克斯員工仍是過了好一陣子才相信沒有人要來改變公司、我們也沒打算拋棄他們。但是最終我們希望在皮克斯內部出現的感覺——除了更有自主權，也能對母公司迪士尼的成就感到與有榮焉——能讓皮克斯與迪士尼的關係更健全。這種事不可能偶然發生。我認為，如果沒有那份「五年社會契約」，這種緊張關係很難緩解。

這份契約雖然讓皮克斯員工安心，卻導致迪士尼工作室人力資源部的多次抱怨。他們不喜歡這種保護政策所暗示的例外。我告訴他們，這不是源自於對皮克斯的忠誠，而是對一份更大理念的堅持——大型企業追求一致雖然有好處，但是我堅信，大群體中的小團體應該能夠與眾不同，按照自己的規則運作，只要那些規則是有效的。這樣能讓員工更有自主權，也更能以公司為榮，最後對整個企業都有好處。

重現傳統，同時開創新局，有可能辦到嗎？

由於合併的規模龐大，我們每一天都要做無數的大小決定，其中比較大的決定是恢復迪士尼在二〇〇四年關閉的手繪動畫部門。電腦動畫（特別是3D動畫）興起後，迪士尼的領導人相信手繪動畫時代已經結束，當時拉薩特和我都覺得那是錯誤的決定，我們認為手繪動畫的衰落，不是因為3D電影更有吸引力，而是由於故事不夠精彩。迪士尼的偉大之處就在手繪動畫，所以我們聽說前任領導人選擇不和工作室最重要的兩名導演約翰．穆斯卡（John Musker）和朗恩．克萊門（Ron Clements）續約（他們的作品包括經典手繪電影《小美人魚》和《阿拉丁》），都認為這個決定很不合理。

我們趕快找回穆斯卡和克萊門，請他們提出新點子。他們馬上提議改編經典童話故事《青蛙王子》，背景設在紐奧良，主角是迪士尼有史以來的第一位非裔美國人公主。我們核准《公主與青蛙》（*The Princess and the Frog*），開始重組四散的團隊，並要求迪士尼團隊提出重建手繪動畫的製作方案。他們提出的第一個方案是重建和之前一模一樣的制度，我們沒有同意，因為成本太高；第二個方案是把製作工作外包給海外的動畫公司，我們也拒絕，因為擔心會降低影片品質；第三個方案感覺很合適——招聘工作室內部關鍵人才，並把過程中不會影響品質的部分外包出去。他們估計這需要招募一百九十二名員工，我說沒問題，只要不超過這個數字就好。

拉薩特和我都很興奮，除了重振工作室最重要的藝術形式，這也會是第一部從頭到尾由我們監督的迪士尼電影。我們可以清楚感覺到那種能量。《公主與青蛙》的製作團隊也覺得自己必須證明些什麼，於是我們開始傳授他們一些皮克斯的工具，並教他們如何使用。

例如研究之旅，我們不斷訴說這種研究對制定一部新片的故事情節的價值，不過迪士尼的團隊過了好一陣子才接納這個想法。他們似乎想趕快確定故事，好開始製作電影，因此一開始不覺得研究幫得上忙，認為那只會分散注意力。拉薩特堅持他們構思故事時要離開辦公室，霍華德形容他們原本對這件事的想法：「感覺像是叫你算數學時要寫出運算過程。拉薩特認為你不能隨隨便便畫出一棟建築，或是角色、服裝、故事，他深信真實來自每一個細節。」

我們很堅持：我們知道這是創意很重要的一部分。所以在籌備《公主與青蛙》時，創意團隊的所有領導人飛到路易斯安那州，參加紐奧良嘉年華會（Mardi Gras）前一個星期天的克魯酒神（Krewe of Bacchus）遊行，好讓他們在繪製以此節慶為背景的段落時有鮮明的參考依據；因為電影包含河船場景，他們搭乘蒸汽船遊密西西比河，也到聖查爾斯大道坐有軌電車，了解電車的鈴噹、聲音和顏色。回來之後，導演克萊門和穆斯卡都告訴我，研究之旅激發他們很多意想不到的靈感。他們的心態開始轉變，今天，所有迪士尼的導演和編劇在籌畫電影前一定會進行研究之旅。

《公主與青蛙》上映前，我們多次討論片名，一度想改成《青蛙公主》，但是迪士尼的行銷人員警告我們，標題裡如果有**公主**，觀眾會認為這是專門給女生看的電影。我們沒有採納他們的建議，相信品質勝過一切，只要電影好看，就能吸引所有年齡層、不同性別的觀眾。我們認為回歸手繪動畫，又是改編令人喜愛的童話故事，會讓觀眾爭相擠進電影院。

結果這是錯誤的決定。

《公主與青蛙》完成後，我們相信那是很精彩的電影，影評也證實我們的想法，只要看過的人都很喜歡。不過，我們馬上發現我們在片名上犯了大錯。雪上加霜的是，電影在美國上映後五天，詹姆斯．卡麥隆（James Cameron）推出奇幻大片《阿凡達》。這樣的檔期安排只會更鼓勵這種反應：觀眾瞄一眼電影片名，看到裡面有**公主**兩字，心想，**那是給小女生看的**。我們製作出很棒的電影，卻沒有採納經驗豐富的同事的建議，危及了我們引以為榮的品質。品質意味每一個環節都要做得很好，不只繪圖和說故事，也包括定位和行銷。這也代表我們要敞開心胸，接納合理的意見，即使那些意見違背我們的想法。電影在預算內完成，這在娛樂圈是很難得的成就，動畫品質也媲美工作室過去最好的作品。因為成本不高，這部電影仍然替公司帶來利潤，不過沒有好到足以讓員工相信我們應該投入更多資源到手繪電影上。

雖然我們對這部電影寄予厚望，希望證明 2D 電影可能再次盛行，但我們狹隘的視野和錯誤的決策，導致結果看起來正好相反。雖然我們當時和今天都相信手繪動畫是很棒的藝術媒介，但我現在明白，我是被自己喜愛迪士尼動畫的童年回憶沖昏了頭，過度希望一上任就能在迪士尼動畫重現華特．迪士尼創造的藝術形式。

在《公主與青蛙》有點了無生氣的開始之後，我知道我們必須重新思考做事的方向。大約此時，米爾斯坦也私下告訴我，我們雙管齊下的做法——重振2D、同時提倡3D動畫，讓工作室的人感到困惑，因為我們基本上是想鼓勵把焦點放在未來。2D的問題不在於這種經典藝術形式有沒有價值，而是迪士尼的導演需要、也希望運用新科技。

合併之後，很多人問我，我們會不會讓迪士尼製作2D電影、讓皮克斯製作3D電影。他們期待迪士尼用老方法製作電影，皮克斯則運用新科技。《公主與青蛙》上映後，我發現我必須趁早根除這種不健康的想法。事實上，迪士尼的導演雖然重視傳統，卻希望開創新局。要做到這點，他們必須能夠自由開拓前方的道路。

睽違十六年，迪士尼重登票房冠軍

終於想通如何重塑與重新思考舊傳統之後，迪士尼動畫才開始真正擁抱新科技：透過改編格林童話《長髮姑娘》（*Rapunzel*）。這是很多年前就提出的計畫，不過一直遭到冷落，被丟來丟去，開始了製作好幾次，卻都無疾而終。但是現在，工作室的員工更能發揮創意，也更擅長溝通。拉薩特常說迪士尼動畫的問題從來不是缺乏人才，而是多年來令人窒息的工作環境讓他們失去了創作方向。《公主與青蛙》的票房雖然令人失望，卻幫助他們找回了創作方向。

這些年來，迪士尼有很多人嘗試改編《長髮姑娘》的故事，但都沒有成功，似乎注定這會是部了不起的電影。最大的挑戰在於，被關在塔裡的女孩很難改編為劇情精彩的電影長片。艾斯納提議把故事修改為《散髮姑娘》（*Rapunzel Unbraided*），背景設定在現代的舊金山，女主角穿越時空，進入童話世界。不過導演葛連・基恩（Glen Keane，他是很厲害的動畫師，作品包括《小美人魚》、《阿拉丁》和《美女與野獸》）無法實現這個想法，電影陷入僵局。我和拉薩特接手前一個星期，這項計畫遭到中止。

我們到迪士尼之後，馬上要求基恩繼續製作這部電影。這是經典的故事，我們認為很符合迪士尼的品牌，一定可以製作成引人入勝的電影，不過基恩的健康突然出狀況，只能轉任顧問。二〇〇八年十月，我們找來剛製作完《雷霆戰狗》的霍華德和格雷諾，他們和編劇丹・福吉曼（Dan Fogelman）以及一九九〇年間替迪士尼經典音樂劇編曲的作曲家艾倫・曼肯（Alan Menken）聯手合作，把電影帶往不同的方向。電影裡的樂佩公主比經典故事裡的公主更有自信，她的頭髮有神奇的療癒能力，只要唱歌就能啟動魔法。這個故事耳熟能詳，同時又時髦現代。

我們決心不要重複《公主與青蛙》的錯誤，把片名改成比較中性的《魔髮奇緣》（*Tangled*）。這個決定在內部引發爭議，有些人認為我們讓行銷左右創意，冒犯了經典童話。格雷諾和霍華德反駁這個指控，因為故事的主角**也**包括了一名男性：大盜費林，《魔髮奇緣》這個名字更符合電影的內容。

格雷諾說：「你不會把《玩具總動員》稱為《巴斯光年》。」

《魔髮奇緣》在二〇一〇年十一月上映，無論藝術或商業方面都非常成功。《紐約時報》影評人A・O・史考特（A.O. Scott）寫道：「電影傳達出改變、更新的精神，但是依然真摯感人，絕對符合傳統的迪士尼品質。」這部電影的全球票房超過五億九千萬美元，成為迪士尼動畫有史以來票房第二高的電影，第一名是《獅子王》。這是十六年來，工作室第一部票房冠軍的電影，在公司內部造成很大的迴響。

迪士尼已經轉向，且會持續前進

任何行業的主管都會對這個故事的結尾產生共鳴。拉薩特和我決心把《魔髮奇緣》的成功，當成工作室的療癒時機。我們知道該怎麼做。

我們很久以前就發現，員工雖然喜歡獎金，不過另一種獎勵也很重要──讓他們敬重的人看著他們的眼睛，對他們說「謝謝」。皮克斯有一套獎勵制度，除了頒發獎金，也讓員工知道我們的感激。只要票房達到一定標準，拉薩特和我會協同導演和製片，親自把支票交給參與電影製作的所有員工。我們相信電影屬於工作室的**每一個人**，這也連結到我們「創意可能來自任何地方」的信念，我們鼓勵大家提出建議和想法，他們也這樣做。逐一發送獎金可能得花不少時間，但是我們一定會和每個人握手，感謝他們的貢獻。

《魔髮奇緣》成功之後，我請人力資源副總經理肯姆幫我們做同樣的事。她為每一名工作人員列印出一封信，說明發送獎金的原因。二〇一〇年春天的一個早上，迪士尼動畫的總經理米爾斯坦、導演格雷諾和霍華德、之前的導演（也是電影靈感的來源）基恩、製片洛伊．康利（Roy Conli），還有我，把所有參與《魔髮奇緣》的員工聚集在迪士尼的大舞台。他們一開始還走來走去，不知道發生什麼事，因為我們只說要開會。不過看到我們手中的信封時，他們大概也發現有什麼事要發生了。肯姆提議贈送他們剛發行的電影DVD，這個小小的舉動讓我們的感謝顯得更真誠。一直到今天，有些《魔髮奇緣》的成員仍把那天收到的信的影本裱框掛在辦公室牆上。

直接把獎金滙入員工帳戶不是更簡單？是的，但就像我常說的，製作電影，簡單不是目標，品質才是。

船已經開始轉向，而且會繼續前進。

我之前提過迪士尼的「故事智囊團」已發展成強大的支持團體，不過我們剛到那裡時，智囊團並沒有了解故事架構的領導人。雖然這個團體非常好，但我不確定成員能否成長，成為曾在皮克斯出現的那些領導人。我有些擔心，因為我知道皮克斯有多依賴史坦頓和柏德找出故事節奏、讓電影變得更好的能力。但是我們只能創造健全的創意環境，讓它自行發展。

後來，迪士尼工作室製作出《無敵破壞王》，以及由克里斯．巴克（Chris Buck）執導、珍妮佛・李（Jennifer Lee）編劇的《冰雪奇緣》，我很欣慰地看到其內部的轉變。迪士尼編劇的感情本來就很好，他們開始在故事智囊團會議扮演關鍵角色，特別是在電影架構上。這個團隊和皮克斯的智囊團一樣好，又有自己的個性，代表工作室整體運作得更順暢了。重點是工作室的員工幾乎都是拉薩特和我到那裡時遇見的原班人馬，我們把我們的原則運用在原本有問題的團隊身上，改變了他們，釋放他們的創作潛能。這些出色的人才成為凝聚力很強的團隊，把迪士尼動畫帶到另一個新境界。如今，迪士尼的創意團隊和皮克斯的一樣棒，卻又很不一樣。華特・迪士尼創立的工作室沒有辜負他的期望。

| 第 13 章 |

便條日

開始寫這本書時，我希望能夠記錄我們在皮克斯和迪士尼動畫的做事原則，也希望透過和同事交談，和他們討論我的理念、反思我們的成就，我能夠釐清自己對創意的信念，以及如何培養、保護和維持創意。兩年後，我覺得我做到了，但過程並不容易。一部分是因為寫書的同時我也在迪士尼和皮克斯全職上班，世界沒有停滯不前；另一方面，清晰的想法是很難捕捉的，因為我不相信成功有簡單的公式。我希望這本書能認可創意所需的複雜性，而這也代表要勇敢涉入某些黑暗地帶。

寫書的這段期間，迪士尼持續大幅轉變，故事智囊團變成坦率、相互支持的回饋機制，製作團隊的技術和說故事的技巧都更上一層樓。如同預期，迪士尼製作每一部電影都遇到挫折，但是也找到解決的方法。《冰雪奇緣》在二〇一三年感恩節前一天上映，和《魔髮奇緣》一樣，在世界各地創下票房佳績；前一年推出的《無敵破壞王》也十分成功。我相信迪士尼動畫的創意文化，已經和二〇〇六年拉薩特和我剛接手時截然不同。

同時間，皮克斯則是推出了《怪獸大學》，你可能記得這部電影在製作時更換過導演。《怪獸大學》是我們連續第十四部票房冠軍電影，上映第一週就帶來八千兩百萬美元進帳（在皮克斯排名第二），全球票房是七億四千多萬美元。皮克斯洋溢歡樂的氣氛，但是一如既往，我的重心是放在未來的挑戰以及趁早發現問題、全力去解決。

我注意到任何組織內部都有很難發現的力量。在皮克斯，這些力量包含成長和成功引發的問題。例如，隨著公司成長，我們得雇用更多員工，一開始就待在皮克斯的同事了解公司的原則，因為他們經歷過形成這些原則的事件。現在有更多新人加入，有些人學得很快，能夠吸收這些對公司有用的想法，成為新的領導人；但是有一部分員工對皮克斯心存敬畏，他們過度尊重我們的歷史，反而阻礙進步。很多人帶來不錯的新點子，但是有些人不願提出建言，他們心想，這裡是偉大的皮克斯，他們**憑什麼**提出建議？有些人感激我們對員工的支持，例如餐點補貼和最先進的工具，也有人將其視為理所當然，認為這些福利都是應該的。很多人開心看到公司如此成功，但也有人不明白成功必須經歷的辛苦和風險，這些人想知道，為什麼不能簡化做事方式？

總之，皮克斯有著任何成功企業都會有的問題，但是我認為最大的問題，是愈來愈多人不願意或不敢提出內心的想法。這種猶豫的心態一開始很難發現，但只要留心，就能看見許多線索。身為領導人，如果容許錯誤的觀念在公司成為主流，就會對文化產生負面影響。

不過，危機能夠把問題帶到表面，我們現在面臨三個可能的危機：一、製作成本不斷上升，必須加以管控；二、外部的經濟環境對我們造成壓力；三、皮克斯的核心原則——好點子可能來自任何地方，所以大家都要暢所欲言——遇到挑戰，太多人（在我看來，「太多人」就等於是「任何人」）都會先自我審查，這需要改變。

這三個問題——以及我們相信沒有任何單一的點子能解決它們——引發我們嘗試一件希望能破除困境、並替工作室重新注入活力的方法。我們稱之為「便條日」，我將其視為鼓勵員工發揮創意的重要範例。創意公司的主管要想辦法開發員工的腦力。便條日從發起到執行都非常成功，員工的向心力也受到激發，因為它背後的理念是：處理問題是持續、漸進的過程。創意人必須接受挑戰永遠不會停止，失敗無法避免，「遠見」有時是錯覺。但我們必須能夠暢所欲言。便條日就是在提醒我們，合作、決心和坦誠一定能把我們提升到另一個境界。

一整天不上班，全員一起來想辦法解決問題

很多人問我，皮克斯哪一部電影讓我最感到光榮，其實每一部電影都是，不過最令我自豪的是員工對危機的反應。出了問題，我們的領導人不會說：「你們要怎麼辦？」相反地，他們會說「我們」的問題和「我們」如何一起解決。同事認為自己擁有公司和公司文化的一部分，因為事實

的確如此。他們非常保護皮克斯，就是這種保護和參與的精神，讓我們發起「便條日」活動。

二〇一三年一月，皮克斯大約三十五名領導人，包括製片和導演，花了兩天時間聚集在舊金山金門大橋的另一端，蘇沙利多（Sausalito）的卡瓦洛岬（Cavallo Point），這裡原本是陸軍基地，現在改成會議中心。會議主要是討論兩個緊迫的問題：第一個是製作電影的成本不斷上升；第二個則是公司文化出現負面的轉變，皮克斯的領導人都注意到這個問題。皮克斯不斷成長，文化一定會改變，這並不奇怪。一千兩百人的公司（二〇一四年的皮克斯）的運作方式，和四十五人的公司（從前的皮克斯）絕對不一樣。但是我們擔心這樣的成長會危及過去幫助我們成功的基礎，情況雖然不是很嚴重，我們當時還在製作幾部很棒的電影，不過聚集在卡瓦洛岬開會的人都十分關注，熱切希望讓皮克斯持續走在正確的軌道上。

製作部經理湯姆．波特（Tom Porter）是電腦繪圖的先驅，也是皮克斯創始員工之一，他以詳細的成本分析展開討論。他指出，電影發行方式和經濟環境都快速改變，公司雖然運作良好，仍不免受到影響。眾人都同意我們必須降低成本，防患未然。不過我們也不願停止冒險，希望皮克斯繼續製作不尋常的電影，像是《天外奇蹟》、《料理鼠王》和《瓦力》。當然，不是每一部電影都要處理不尋常的故事，但是我們希望所有電影導演與製作人都能自由自在地提出新點子。

這兩個問題相互關聯，降低成本就更能冒險，所以我們必須降低成本，才能製作各式各樣的電影。降低成本還有另一個好處。成本低的電影，團隊成員較少，而大家都同意，團隊人數愈少，工作經驗就愈好。人數精簡的工作團隊不只關係緊密，團隊成員也更能感受到自己的影響力。我們第一部電影《玩具總動員》的製作團隊就是這樣。但是隨著電影所需的視覺效果愈來愈複雜，團隊人數開始攀升。開會當時，製作一部皮克斯電影平均要花兩萬兩千人週數，也是我們通常用在預算上的計算單位。我們必須減少大約一〇％。

但是另一個比較不容易量化的層面也需要改善。我們漸漸發現，因為多年的成功經驗，皮克斯團隊對於不能失敗有很大的壓力，沒有人願意製作出上映時不是票房冠軍的電影，結果就是花太多時間改善視覺細節，好讓電影臻於「完美」。這種聽起來冠冕堂皇的期望，我們稱為「好還要更好」（plussing），會造成很深的焦慮。無法達到期望的水準怎麼辦？無法在視覺上創新怎麼辦？決心避免失望也導致我們規避風險，過去優異的成績正在削弱追求卓越的能量。除此之外，很多新進員工沒有經歷過之前電影製作過程的跌宕起伏，對於在成功企業工作有先入為主的想法。就像很多成功的公司一樣，我們漸漸看不清現實，也愈來愈常聽到有人覺得事情不對勁，卻不願表達意見。我們最重視的價值——解決方案可能來自任何人，以及每個人都應該表達意見——漸漸遭到破壞，除非我們能夠加以改正。

我們聚集在會議中心整修過的小教堂時，拉薩特說：「我覺得大家好像變得太安逸，我們需要那種興奮感，就像從前那樣，充滿活力和可能性！」

這不是拉薩特和我第一次思考成功對皮克斯造成的影響，我們會不會把成功視為理所當然？

拉薩特說：「迪士尼有一種輕快與速度感，我希望在皮克斯也能看到。」

如何維持那種有張力、玩樂的氛圍，擊退往往伴隨成功悄悄來到的保守主義，同時變得更精簡、敏捷？

這時圭多．夸羅尼（Guido Quaroni）開口了。他是我們的軟體研發部副總裁，時常得思考如何讓一百二十名工程師開心。這是很大的挑戰，他管理的部門是負責開發技術，但是皮克斯販售的不是技術，而是**借助**技術完成的電影，意思是皮克斯工程師開發軟體，只為了幫助製作電影。我談論過這個問題，皮克斯員工會質疑自己對電影的成功貢獻有多少。在工程師心裡，這種不確定的感覺可能更嚴重。夸羅尼知道這種疏離感可能導致士氣低落，因此，為了留住最優秀的工程師，他要格外努力，確保他們喜歡自己的工作。

輪到夸羅尼發言時，他說他的部門有在實施一種名為「個人計畫日」的制度。一個月有兩天，他讓工程師做自己想做的事，他們可以運用皮克斯的資源研究任何感興趣的問題，而且不用和特定電影或解決製作需求有關。例如，如果工程師想了解《勇敢傳說》的鏡頭加上燈光會有什麼效果，或是一群工程師想用微軟的 Kinect 感應器製作原型，幫助動畫師捕捉角色的動作，都可以去做。任何能引發他們好奇心的事，都可以運用這些時間自由去研究。

「只要給他們時間，他們就會想出新點子，」夸羅尼告訴我們。「這就是其中奧妙，點子來自他們。」

夸羅尼之前就告訴過我，短短四個月，「個人計畫日」就讓團隊充滿活力。我們甚至私下討論如何在全公司實施類似方案。他提議電影製作完成後，讓皮克斯停工一星期，討論我們做對了什麼、什麼出了問題，以及如何啟動接下來的計畫，就像召開超大型事後剖析會議。這個想法並不實際，卻發人深省。現在，在討論如何降低一〇%的成本時，夸羅尼提出一個簡單的建議。

他說：「我們請皮克斯所有的員工提供點子。」

拉薩特的腦筋開始轉，他說：「這很有趣，我們一整天不要上班如何？用一天時間來討論這個問題。」

眾人立即表示贊同，史坦頓說：「這很符合皮克斯的作風，完全出乎意料！很有振奮人心的效果。」

我問在場有沒有人願意幫忙安排這場活動，每個人都舉手。

「便條日」的籌備過程

創意公司不能停止進化，這就是我們避免停滯的最新嘗試。我們希望探討大大小小的問題，找出真實的建議，就像智囊團會議一樣。所以我們開始實現夸羅尼提出的想法時，便理所當然地想起我們對坦率建議的簡稱：便條。在某一刻，我們就決定把二〇一三年三月十一日這一天命名為

「便條日」。

但是我們首先要讓員工接納這個想法，否則只會徒勞無功。所以我們安排三場非正式的員工大會，向他們解釋我們的想法。波特大致說明皮克斯面臨的問題，拉薩特和我提出計畫。拉薩特說：「這一天，是由你們告訴我們如何讓皮克斯變得更好。我們那天不上班、不接待訪客，每一個人都必須參加。」

我說：「我們有個問題，而且只有你們知道該怎麼解決。」

我們請波特主持「便條日」，確保那不是只讓我們自我感覺良好的活動。他一開始就闡明「便條日」的是與不是，他說：「我們不是要求大家做得更快、加更多班，或是使用更少人力，而是以大致相同的人力，每兩年製作三部電影。我們希望仰賴技術的改善，希望製作團隊共享資源，避免每次重新尋找做法，也希望藝術家能因導演的指示更清晰而受益。」但是要達到這些目標，同時了解還有哪些地方可以改善，皮克斯的領導人需要大家踴躍發言。

波特成立「便條日工作小組」，設置電子意見箱，讓員工提出他們認為能幫助我們創新、更有效率的討論主題。討論主題迅速湧入，包括如何進行「便條日」的建議。

結果，意見箱激發出一些沒有人預料到的事。很多部門自動自發地設立自己的維基頁面和部落格，討論皮克斯的核心問題。「便條日」召開前的幾個星期，大家都在討論如何改善工作流程、制定積極的改變。如果有人詢問該如何參與，波特會推他們一把，用這個假設來提示他們：「假設現在是二〇一七年，今年的兩部電影都以遠低於一萬八千五百人週數完成……是什麼創新制度幫助製作團隊達成預算目標？我們做了什麼不一樣的事？」

最後，「便條日」意見箱一共收到四千封電子郵件，包含一千個不同的點子。波特的團隊仔細閱讀、評估時，很小心地保留不尋常的點子。「我們丟掉感覺像在發牢騷的東西，也留下可能會有、也可能不會有結果的有趣點子。」他告訴我。「我們的重點放在顯然能幫助我們達到一萬八千五百人週數的點子，但是也挑出一些和這個目標沒有明顯關連的主題，我們主要的標準是：『你能想像二十人用一個小時討論這個話題的情況嗎？』」

波特的團隊把點子分門別類，整理成兩百九十三個討論主題，不過數量仍然多到沒辦法在一天內討論完，所以一群資深主管開了個會，刪減到一百二十個主題，並分成幾大類，例如：培訓、環境、文化、電影資源共享、工具技術、工作流程。

刪減過程十分困難，更困難的是問題五花八門，有些很合理，但是非常專業，像是：「場景修剪時記憶體不足，耗費大量人力和電腦運作時間，如何改善修剪程序？」其他則和文化比較有關，像是：「如何找回『好點子來自任何地方』的文化？」然後是我最喜歡的：「如何以一萬兩千人週數製作電影？」沒錯，一萬兩千，他們希望討論能否進一步刪減製作成本。

便條日工作小組收到一封電子郵件的標題是「一八五，來跳舞」，寫信的人問，如果皮克斯每兩年製作的三部電影中，其中一部是以一萬五千人週數達成，甚至是一萬兩千五呢？「沒有簡化故事，只是簡化其他部分？」

另一封電子郵件這樣寫著：「我想加入『一萬人週數電影』的製作團隊，如果制定出達到這個標準的措施，就能製作一萬八千五百人週數的電影。」

另一封信則問道：「皮克斯會用一萬兩千人週數製作出什麼樣的電影？有沒有什麼創意概念，是可以不辜負我們的名聲、又能以那麼小的規模達成的？要刪減哪些地方？過程會有什麼改變？」那封電子郵件的主題是：「激進一點」。

去蕪存菁後，波特要了解每一個要討論的話題大約有多少人感興趣，並依此規畫那天的行程。便條日工作小組調查後發現，大家最想討論的話題是如何以一萬兩千人週數製作電影。最後，光是這個話題，波特的團隊就要安排七場九十分鐘的會議。報名參加會議的人不是烈士，而是真心想討論如何使用更少資源、做更多事。想想看，最能吸引皮克斯同事發揮想像力的主題，竟是要如何減少更多的預算！代表我們的同事真的了解這個問題以及它代表的意義，這就是我深深以皮克斯為榮的原因。

在此描述安排活動的細節似乎太瑣碎，但是這些細節對當天的發展很重要。把大家聚集在一起討論公司的挑戰很棒，但極為重要的是找到方法，把討論變成有形、有價值、能夠真正執行的東西。

那一天的設計是達成這個目標的關鍵因素。

波特的團隊很早就決定讓大家自由安排開會時程，報名自己感興趣的會議。會議由公司的製作主管主持，「便條日」之前一個星期，所有主持人都得參加一場培訓課程，了解如何讓會議順利運作、確保每一個人的聲音都能被聽見。最後，為了得到確實的建議，工作小組設計了一組「離場表格」，讓所有參與會議的人填寫。

紅色表格是用來建議、藍色表格是用來腦力激盪、黃色表格則是提供給所謂的「最佳行動」——和公司行為原則相關的點子。表格簡單、具體，每一場會議都有針對其主題設計的表格，包含特定的問題，例如，「回到『好點子來自任何地方』文化」的會議有藍色離場表格，最上面寫著：**『想像現在是二〇一七年，我們已經破除障礙，大家都能自在發言，資深員工也敞開心胸，接納新程序。我們是做了什麼事才成功的？』**」問題下方讓與會者寫下三個答案，請他們大致描述每一個答案，再進一步解釋，這些建議能替皮克斯帶來什麼好處？接下來要如何把想法變成現實？誰應該看這個點子？應該由誰來介紹這個點子？

我們希望有意義的參與能引發實際的行動。波特的團隊雖然允許各式各樣議題，但他們也找出一定的架構。討論最佳行動的會議叫做「向其他公司借鏡」，有黃色離場表格提出這樣的問題：「我們能從其他公司的做法中學到什麼？」下面請與會者寫下三種做法，同樣是能替皮克斯帶來什麼好處和後續的問題。

「幫助導演了解故事成本」的會議有紅色離場表格，標題為：「**早一點引入成本概念，在發**

想點子的階段就規畫討論，製作動態腳本時，故事對編列預算就會產生影響。」然後在「修正建議」的欄位，這表格鼓勵與會者提供改善的方法，表格上列出這些問題：「這對工作室有什麼好處？」、「有什麼缺點？」最下方是：「這個點子是否值得進一步探討？」下面有兩個選項，分別是：「是！接下來的步驟。」以及：「不，因為……」前面的選項接著問：「誰應該看這個提案？（請具體說明）」然後是：「應該由誰來介紹這個提案？」

看到這裡，你應該能感受到我們多努力確保這個活動能把我們帶到我們必須去的地方，就像波特說的：「我們不是只想列出可以做什麼很酷的事，而是想找出能夠熱情推動想法的人，把有聰明想法的人放到高層主管面前。」

「便條日」之前的星期五，我收到一封電子郵件，告訴我已經有一千零五十九人報名，幾乎是公司所有人，除了部分休假或不在公司的員工。我們即將在接下來的星期一召開一百七十一場會議，由一百三十八名主持人帶領討論一百零六個主題，場地遍及公司三棟大樓的六十六處開會地點，包括辦公室、會議室和公共空間，像是牆上掛著華盛頓畫像的貴賓休息室，裡面的地板上有丟沙包遊戲板，天花板則吊了一顆迪斯可舞廳的反光球。

我們準備好了，實驗即將展開。

三月十一日上午九點鐘，我們聚集在賈伯斯大樓的中庭，我穿上寶藍色的皮克斯運動衫，掩不住臉上的自豪，我們的員工花了這麼多心力，決心讓「便條日」成為皮克斯史上重要的一天。我告訴他們我的感覺，並歡迎他們前來，然後把麥克風交給拉薩特。

拉薩特經常扮演啟發人心的角色，迪士尼和皮克斯的員工都信賴他樂觀的能量，但這不是呼口號大會。拉薩特慢慢走上台，說了我聽過最誠摯、感人的一番話。他首先談到坦率，以及我們花了多少時間討論坦率的重要，但是這並不容易做到，無論是傳遞或接收的一方。他說他很了解，因為在準備「便條日」的過程中，主辦團隊給他看傳送到電子意見箱的建議，很多是針對拉薩特本人，而且不是正面的意見。很多人特別不高興他把時間分散給兩間工作室，他們經常看不到他。最重要的是，他們很想念他，但是認為拉薩特應該更妥善處理過度的壓力。

拉薩特坦言他有些傷心，但還是希望了解所有具體的批評。「所以他們列了一份清單，」他說，「我以為會是一頁，結果卻拿到兩頁半。」從當中他得知：他的時間緊迫，和他會面很難得，以致大家在見他之前往往過度準備，但這對誰都沒有好處。事實上，拉薩特說：「很多意見是關於我的時間管理，以及我會把一場會議的情緒帶到另一場，造成有些人問：『我們哪裡惹他不高興？』我不知道我有這些問題，這兩頁半的批評真的看得很痛苦，但都是非常寶貴的建議，我已經努力去改進那些事了。」

儘管人數眾多，中庭卻一片寂靜。

「所以，今天請你們一定要直言不諱，」拉薩特繼續說道。「管理階層要知道，有些批評感覺像是衝著你來，我不是開玩笑，這一定會發生。大家臉皮都要厚一點，為了皮克斯好，請實話實說，而且要持續下去。這就是今天的目標，讓皮克斯永遠都能變得更好，為了你們和下一代的皮克斯人。這會從根本改變公司，讓我們變得更好，但是要從你們開始。」

接著就是討論的時間了。

當天的實況

「便條日」的第一個小時，所有人都去參加自己部門的會議——故事、燈光、著色、會計等等——在那裡與他們最親近的同事分享讓工作更有效率的點子。我們認為這些部門會議可以當成熱身，對認識的人說實話總是比對陌生人容易。但是正如拉薩特所說，皮克斯的人需要臉皮厚一點，因為從十點四十五分開始，大家就要參加第一場會議，很可能這一天接下來的時間都不會和熟識的人坐在一起。

為什麼？因為會議是依照個人興趣、而非工作或部門安排的。波特的團隊已在事前詢問大家想討論的議題，也依此設計足夠的場次，讓所有人都能參與。有些話題很特殊，只有極小部分員工感興趣（例如：「如何提高燈光的工作效率？」），也有很多主題能吸引全公司不同部門的人。

例如，如果你去參加一場叫做「培養並感謝良好的工作場所」的腦力激盪會議——**現在是二〇一七年，皮克斯工作室沒有人把一切視為理所當然。我們是怎麼辦到的？**——你可能會在那裡發現皮克斯的行政主廚，還有法律、系統和財務部的員工，以及資深動畫師等等。很多人說他們是被標題的「理所當然」吸引，他們在皮克斯都遇過這樣的人——即使可以共用，卻依然堅持擁有自己的設備，或是抱怨不能帶狗上班。「我們是在工作，」一名動畫師說，「而且是待遇很好、很棒的工作。這些人需要被敲醒。」

最令他們驚訝的是，這場會議中許多出席者都遇過相似的經驗。系統部員工說他接過一通電話，對方要求他趕快過去支援，他馬上衝去看是什麼問題，結果那位委屈的藝術家告訴他，機器得在午餐時間修理，因為那是對她最方便的時間。他告訴會議上的人：「我也要吃午餐。」大家都頻頻點頭。主廚也講了類似的故事，有人臨時要求他們準備午餐，完全不知道那造成他們多少麻煩和困擾。一名角色動畫師則感嘆道，他不了解其他部門的人在做什麼，像是燈光和著色，他說：「這讓我們很容易醜化、憎恨彼此。」

一個接著一個，參與這場會議的人都觸及了同一個主題。一個人說：「我們需要讓大家表現得更像夥伴，我希望更多人了解整個製作流程，這樣他們才能感謝與理解別人在做的事。」另一個則說：「我們要讓大家注意到他們不知道的事。」

他們在離場表格寫下的建議包括：透過工作交換計畫，促進部門間的同理心；建立午餐摸彩活動，讓不同部門的人一起用餐，鼓勵交流和友誼；還有舉辦跨部門聯誼活動，讓同事一起小酌，更了解對方。

我選擇描述這場會議，部分是因為無論什麼行業，都會遇到類似狀況（其他像是討論集中繪製演算〔centralized rendering〕的會議，可能就沒那麼有趣）。但是不管討論什麼話題，無論在公司哪一個角落，都能感受到興奮的能量。若你走進皮克斯的廁所，或到外面呼吸新鮮空氣，一定都會聽到有人聊起「便條日」有多令人振奮。大家都覺得自己正在參與一個會帶來深刻影響的活動。

活動進行到一半時，波特召集主持人，簡短詢問他們會議進行的情況，並鼓勵他們分享到目前為止的經驗。他問道：「有多少人的會議中有可以立即執行的建議？」每個人都舉起手。

便條日當天，我們決定把皮克斯的高層主管、導演和製作人隔離開來，一部分是因為讓大家暢所欲言很重要，我們不知道如果我們在場，他們能不能做到；另外也是因為我們自己有特定的主題要討論，包括創意監督（智囊團會議是否和十年前一樣有用？）、領導的調性和氣質（我們如何促進包容的文化，讓所有人都可以提供節省人力的點子？）、在能取得最大成效的地方花錢的需要（我們的制度很容易獎勵完美主義者和討好別人的人。如何管理完美主義和創新的渴望？）。

從同事趕場時開心的表情，我知道活動進展順利。活動結束後，全體員工都到外面喝啤酒、吃熱狗、分析開會情況。我注意到不同部門的員工延續場內的討論，氣氛十分熱烈。這是他們想要的皮克斯，也是我們希望看到的。我特別走去看為鼓勵大家寫下感想而設置的布告欄。在各種不同分類下的留言包括：

「便條日」中最喜愛的時刻：「約翰．拉薩特坦率的演講。」

今天學到的新東西：「我們都在乎；我們可以改變。」

你今天認識多少人？「二十三個。」

還有：「『便條日』證實皮克斯不只關心財務，也在乎人。」

以及：「明年要再辦一次。」

隔天早上，我收到好幾封員工寄來的電子郵件。一名動畫分鏡師生動地寫出很多人的感受，他寫道：「嗨，艾德，我只想在便條日後跟你說聲謝謝。這個活動真的很棒，激勵人心、內容充實，還有我一天下來聽到很多人說的：『有淨化人心的效果。』我完全沒聽到譏諷的言語。經過這一天，我覺得公司好像縮小了一點。我認識不同部門的人，得到全新的觀點，也了解其他部門的困難和貢獻。我不知道有沒有什麼指標可以衡量便條日的影響力，但我認為影響非常大。大家對這個神奇的地方與公司的未來都更有向心力。有一種『我們都有責任』的感覺，光是這點就是很大的成功。拉薩特心胸寬大、勇於談論員工對他的批評，為這場活動立下很高的標竿，他的坦白讓公司上下都更支持他，這是以身作則最好的例子。我們都可以向他學習，以同樣優雅、謙遜的態度接受對自己的反省和批評。感謝你創造讓我們能進行這種討論的環境。」

「便條日」重新找回坦率、積極參與的文化

我們希望推動最好的想法，所以便條日離場表格設計的問題包括：「應該由誰來介紹這個提案？」活動之後幾個星期，波特與團隊召集所有自告奮勇擔任「理念倡導者」的人，傳授他們提案技巧，然後開始向我、拉薩特和總經理莫里斯提案，只要是有意義的點子，我們就馬上想辦法實行。

換句話說，「便條日」那天出現的點子沒有被塵封在抽屜，而是真正在執行，讓皮克斯變得更好。具體的程序改變對不在動畫界工作的人來說聽起來會有點乏味——舉個小小的例子，我們改採用一種更快、更安全的方式，把剛剪接完成的鏡頭傳送給導演——但這些改變加在一起後，帶來了很大的影響。「便條日」之後的幾個星期，我們就實施了四個很好的點子，另外準備採用的還有五個，還標記了十幾個要持續發展，那些建議不是要改善做事的流程、文化，就是皮克斯的管理方式。

不過最重要的是我們打破僵局，讓大家再度能夠安心發言。我們雖然製作圖表，以具體成果衡量一天的成功，我們也很關注這一點，但是真正的改變來自嚴謹的規畫和參與。所以我認為「便條日」最大的收穫，是讓大家更能安心地說出想法，表達不同意見。這一點以及使員工感覺自己是解決方案的一部分，是「便條日」的最大貢獻。

「便條日」成功的關鍵可以歸結為三個因素，首先是目標清晰明確，這不是自由放任、但卻是範圍廣泛的討論（安排的主題不是由人力資源部或高層主管、而是由公司員工建議），目的是解決**特定的現實問題：**刪減一〇%的成本。討論主題雖然可以偏離到跟這個目的不怎麼相關的領域，但是那個問題才是關鍵，它提供討論的架構，也讓我們不致感到困惑。

第二個因素是公司的高層主管支持這次活動。如果把安排「便條日」的龐大任務分派給沒有影響力的人——也沒有委託給接著召集公司最有條理的人來幫忙的波特——就會是完全不同的經驗。員工如果感覺管理階層不支持，就不會全心參與，那會使「便條日」變得沒有實際意義。

第三個因素是「便條日」由公司內部籌辦。很多企業聘請外部顧問公司安排員工活動，我了解為什麼，因為籌畫這種活動的工作相當繁重、耗時。但我相信，讓同事安排「便條日」是它成功的關鍵。同事們不僅讓討論更有意義，也覺得更有參與感。透過投入活動、與他人合作，帶領議程朝向可能帶來真正影響的方向發展，令他們回想起自己為什麼在皮克斯工作。這種奉獻的精神很有感染力。「便條日」不是終點，而是開始——一種促使員工思考自己在公司的未來中扮演的角色的方法。我說過，找出問題很容易，了解問題的來源卻非常困難。員工的建議把問題帶到表面，但是我們仍然有很多困難的事要做。「便條日」沒有自動解決所有問題，不過我們的文化因此轉變，甚至是修復，讓我們變得更好。

我說過改變無法避免，也必不可少。隨著改變而來的是適應和接納新點子的需要，有時候甚至必須全部重新來過——重啟計畫、部門、公司。在改變的時刻，我們需要家人和同事的支持。這讓我想到皮克斯動畫師奧斯丁．麥迪遜（Austin Madison）的來信，我覺得那封信特別激勵人心。

麥迪遜寫道：「我和很多藝術家一樣，不停在兩種狀態之間轉換，第一種（我們比較樂見的）是興奮、全神貫注、火力全開的創作模式，靈感如泉水般湧出！發生這種情況的比例大約是三％，其他九七％的時間，我陷入沮喪、掙扎，辦公室角落堆滿皺巴巴的紙團。重要的是如何勤奮、鍥而不捨地走過沮喪和絕望的泥淖。如果播放電影的語音解說，你可以聽到有好幾十年經驗的專業人士也經歷過相同的問題。總之要**堅持**下去，**堅持**說你的故事、**堅持**打動觀眾、**堅持**忠於你的想法……」

他說得再好不過了。我的目標從來不是告訴別人皮克斯和迪士尼如何成功，而是我們如何無時無刻都在想辦法解決問題，以及如何堅持不懈。未來不是終點，而是方向。所以我們每一天都要繪製出正確的路徑，一旦不可避免地偏離軌道，就要修正路線。我們一定會遇到危機，如果想維持有活力的創意文化，就不能畏懼不確定，而是要接受，就像我們接受天氣一定會變化。不確定和變化就是生命的不變，這也是生命精彩的地方。

挑戰不斷出現，我們一定會犯錯，我們的工作也永遠做不完。問題必然存在，其中許多是我們看不見的，我們必須努力發掘，評估自己在裡面扮演的角色，即使這是相當艱鉅的任務。遇到問題，就盡全力解決。值得重提的是：我們必須放鬆控制、接受風險、信任同事、替他們清除障礙，並留意任何可能引發恐懼的因素，才能釋放創造力。做這些事並不一定能讓管理創意文化的工作變得比較容易。但是**容易從來不是我們的目標，追求卓越才是。**

｜後記｜

我們認識的賈伯斯

那是一九八五年底，我在盧卡斯影業經營的電腦部門一直找不到買家，所有對電腦繪圖稍微感興趣的人都來看過。我們和通用汽車的交易眼看就要談妥，對方卻臨時打退堂鼓。此時賈伯斯出現了。正如我之前提過，他的律師在開會時把我們拉到一邊，開玩笑地（我以為是）要我們有心理準備，說我們即將搭上賈伯斯的雲霄飛車。我們的確坐上去了，也真的是精彩萬分、驚險刺激的旅程。

我和賈伯斯密切合作二十六年，我認為，一直到今天，所有關於他的描寫，都沒有真正刻畫出我認識的賈伯斯。尤其令我沮喪的是，和他有關的故事往往過於狹隘，強調他極端的特質和他個性中負面、難相處的部分。他們把賈伯斯形容為固執、傲慢的人，說他堅持自己的想法，拒絕讓步或改變，強勢地要求別人按照他的方法行事。雖然許多關於他年輕時擔任主管的軼事可能是真的，整體的形象卻不盡真實，實際情況是，賈伯斯在我認識他的這些年當中有很大的轉變。

很多人濫用「天才」這個名詞，但賈伯斯絕對是名副其實的天才。我剛認識他時，他的確瞧不起別人、說話唐突無禮，這也是很多人喜歡描寫的賈伯斯。我知道賈伯斯這種特立獨行的人的確不容易理解，但是那些人過度強調他的極端特質，很可能只因為那比較有娛樂效果。然而他們遺漏了更重要的故事，在我與賈伯斯共事期間，他不僅從管理兩間成功的公司中獲得實用的經驗，也變得更聰明，知道何時該停止逼迫別人，或是如何在必要時推他們一把，但又不讓他們崩潰。在和他摯愛的妻小相處過程中，賈伯斯變得更明理、有智慧，也更擅長和別人合作。不過，他沒有因為這些轉變放棄對創新的承諾，反而更加堅定。在此同時，他變成了比較友善、更有自覺的領導人，在這方面，皮克斯也對他的轉變助了一臂之力。

一九八〇年代後期，皮克斯剛成立時，賈伯斯把大部分時間花在建立他被迫離開蘋果之後成立的電腦公司 NeXT。皮克斯沒有人（包括賈伯斯）知道我們該做什麼。賈伯斯和客戶協商時往往不知如何拿捏分寸，有時成功、有時事與願違。例如他和 IBM 談成一億美元的協議，允許 IBM 使用 NeXT 的軟體。如此龐大的金額，加上賈伯斯不讓 IBM 使用軟體的後續版本，對 NeXT 來說似乎是很棒的交易，事實上，賈伯斯做得太過頭了，反而引發敵意。他後來告訴我，他從中得到了教訓。

在那段時間，賈伯斯隱約感覺到皮克斯很特別，但一直不清楚究竟是什麼，公司持續虧損，他覺得很挫折。這間走在時代尖端的公司花了他很多錢，他能否堅持下去，看著它開花結果？特別是連它**會不會**開花都是未知數。什麼樣的人願意做這種事？要是你，你願意嗎？

很多人覺得理性和感性是截然不同、相對的領域，賈伯斯卻不這麼認為，他做決策時會把熱情納入考量。一開始，他試探熱情的方式很笨拙，時常說出挑釁的話。不過在皮克斯，他知道我們比他懂得說故事和電腦繪圖，所以比較收斂。賈伯斯尊重我們決心製作出第一部電腦動畫長片的目標，他沒有指示我們該怎麼做，也不會把想法強加在我們身上。即使我們當時還不確定該如何實現，賈伯斯仍然贊同、珍惜我們的熱情。這種追求卓越的熱情，把賈伯斯、拉薩特和我連結在一起，也是這樣強烈的熱情，讓我們願意爭論、掙扎，且沒有離開彼此，即使處境再怎麼困難也一樣。

我記得製作第二部電影《蟲蟲危機》時，賈伯斯對熱情的態度就令我十分驚訝。當時公司內部對於電影的畫面比例有不同意見。在戲院，電影是以寬銀幕格式呈現，畫面的寬度比高度多了兩倍以上；但是當時電視畫面的寬度只有高度的一又三分之一倍，近似於方形。把寬銀幕的電影版本放到電視螢幕觀看，不是頂部和底部會出現黑線，就是得切掉兩側的畫面，兩者都不是最好的解決方案。

《蟲蟲危機》的行銷人員和製作團隊因此產生歧見，製作團隊想採用寬銀幕格式，因為全景畫面在大銀幕上比較好看，他們覺得比在家裡觀看的體驗重要。行銷人員則覺得畫面上下方有黑線，消費者會不願意購買DVD。不是很了解電影的賈伯斯同意行銷人員的看法，認為寬銀幕格式可能影響利潤。雙方僵持不下。有一天下午，我帶賈伯斯到辦公室，讓他了解皮克斯部門的運作方式，我們進入一個房間，燈光師們正好在替《蟲蟲危機》的場景設定燈光，電影的藝術指導比爾．孔恩（Bill Cone）正在螢幕上播放畫面，剛好是寬銀幕格式。

賈伯斯看到之後，說我們製作寬銀幕電影真是「瘋了」。孔恩馬上反駁，告訴他為什麼從藝術的角度來看，寬銀幕格式非常重要。他們激烈爭辯了一陣子，雖然不能算吵架，不過絕對很激動。討論似乎沒有結論，賈伯斯和我繼續到其他部門巡視。

後來，孔恩驚慌失措地來找我，說：「天啊，我剛才和賈伯斯吵架，我是不是把事情搞砸了？」

「正好相反，」我告訴他。「你贏了。」

孔恩沒看見的是：賈伯斯回應了他對這件事的熱情。因為他願意挺身而出，明確地辯護自己的信念，讓賈伯斯發現孔恩的想法值得尊重。賈伯斯後來沒有再跟我們提過電影長寬比格式的問題。

賈伯斯不是認為熱情勝過理性，他當然知道做決定不能感情用事，但是他了解創意不是一直線，藝術也不是商業，堅持用金錢衡量一切可能破壞使我們與眾不同的東西。賈伯斯重視理性，也重視情感，要了解他，就要了解他平衡的方式。

具體呈現賈伯斯理念的「賈伯斯大樓」

一九九〇年代中期，一直窩在加州里奇蒙角幾棟混凝土建築裡的皮克斯顯然需要新家，我們決定興建總部，打造符合我們需求的地方。賈伯斯全心投入設計，建造出我們今日所在的宏偉大樓，不過過程並不容易。

賈伯斯最早核可的設計是根據他某些特別的想法，目的是想促進人際互動。一九九八年，我們到公司外面召開一場員工度假會議，討論這些規畫。有些同事起而抱怨他想蓋一個單身女員工與單身男員工共用的廁所的想法，賈伯斯只好從善如流，但是顯然頗感沮喪，覺得大家不理解他試圖運用日常需求來帶動人與人接觸的苦心。因為打從設計之初，賈伯斯就一直想方設法要促成那種互動經驗。

接下來，他想替每一部電影的製作團隊分別打造單獨的建築，他的想法是讓所有團隊都有自己的空間、不受干擾。我不認為這是好主意，所以帶他到外面實地參觀。

說服賈伯斯最有用的方法不是用說的，而是直接帶他去看。所以我們南下到伯班克的桑頓大道（Thornton Avenue），參觀那棟四層樓高的玻璃鋁合金建築，也就是所謂的「北側」（Northside）。迪士尼動畫在一九九七年接收那棟大樓，安置第一部3D動畫電影《恐龍》以及其他電影的製作團隊。

不過那棟建築更有名的，是一九四〇年代洛克希德公司（Lockheed）曾在那裡設置最機密的臭鼬事業部（Skunk Works），設計噴射戰鬥機、偵察機，以及至少一架隱形戰鬥機。我很喜歡那段歷史，而臭鼬的名字是來自艾爾·卡普（Al Capp）在報上刊登的連環漫畫《亞比拿奇遇記》（*Li'l Abner*），漫畫中的一則笑話是關於森林深處一個名為「臭鼬工廠」的地方，那裡很神祕、散發臭味，專門製作以臭鼬、舊鞋和其他古怪配方調製而成的飲料。

賈伯斯知道我的目的不是討論漫畫或航空史，而是讓他看那棟建築，那裡給人感覺很親切，幾百名動畫師在同一個屋簷下同時製作好幾部電影。我喜歡走廊開闊的感覺。我記得賈伯斯對於建築的格局有諸多批評，但是在那裡待了大約一小時後，我知道他懂了。替每部電影打造獨立的建築形同隔離，他親眼看到迪士尼採取開放式設計的優勢，員工可以分享訊息、腦力激盪。賈伯斯喜歡不經意的互動，他知道創意不是獨力完成的任務。到那裡參觀，幫助我們進一步釐清想法。把創意組織的員工劃分到不同區域：A 在這裡、B 在那裡，很可能適得其反。

回來之後，他又和建築師開會，確定單一建築的原則。他一肩挑起建立皮克斯總部的重責大任。

很多人說：「員工是公司最重要的資產。」大多數高層主管說這句話，只是為了讓員工感覺良好。他們也許相信這個原則，但很少領導人會因此改變做法或當成決策的依據。但是，賈伯斯就是運用這個原則來建造皮克斯總部，那裡的一切，都是設計用來鼓勵大家打成一片、見面和溝通，透過強化合作精神來支持我們製作電影。

賈伯斯親自監督新大樓的所有細節，從橫跨中庭的鋼橋到放映室的椅子。他不希望有任何障礙，所以樓梯也是開放式且宜人的。大樓只有一個入口，大家進入時可以看到對方；中庭有會議室、洗手間、收發室、三座劇院、遊戲區、飲食區。一直到今天，大家都會聚在這裡吃東西、打乒乓球、聽取皮克斯主管的簡報。我們在裡面走動，一整天都能不期而遇，溝通也更順暢。

這棟大樓充滿能量，賈伯斯融合哲學家的邏輯和工匠的嚴謹，他相信簡單的建材、巧妙的建構。他希望所有鋼材外露，不上油漆，玻璃門與牆壁是齊平的。在皮克斯，一部電影通常要花四年製作，這棟建築正好也經過四年規畫和建造，在二〇〇〇年秋天啟用。難怪皮克斯員工把這棟建築稱為「賈伯斯的電影」。

我承認我曾經擔心皮克斯落入所謂的「雄偉建物情結」（edifice complex），高層主管打造全新的總部，只為了滿足自己的虛榮心。但是我們在二〇〇〇年感恩節週末搬入新大樓之後，這個憂慮不攻自破，這裡成了一個非比尋常又豐饒的家。更重要的是，在員工心目中，總是在外部保護我們的賈伯斯，轉變成內部文化不可或缺的一部分。我們很喜歡這棟由賈伯斯一手打造的大樓，也感激他如此了解我們的工作方式。

這是正面的發展，因為正如我之前提過，初識賈伯斯的人必須適應他的行事風格。柏德記得他剛加入工作室製作《超人特攻隊》時，有一次開會，賈伯斯說了很傷人的話，他說有些《超人特攻隊》的插圖看起來像「星期六上午的玩意兒」，意思是類似漢納巴伯拉動畫（Hanna Barbera）製作的低成本卡通。柏德回憶道：「在我的世界，這有點像是說：『你媽到處和人上床。』我氣壞了。會議結束後，我去找史坦頓，跟他說：『賈伯斯剛才說了一句話，讓我很生氣。』史坦頓甚至沒問他說了什麼，只跟我說：『才一句話？』」柏德後來明白，賈伯斯不是以評論者、而是以終極擁護者的身分在說話。很多超級英雄的卡通是以低成本製作，看起來也很廉價，這點賈伯斯和柏德都同意。賈伯斯的意思是《超人特攻隊》必須達到更高水準。柏德說：「他只是要我們證明這部電影與眾不同，這就是賈伯斯。」

外人不太知道，賈伯斯和皮克斯的導演培養了深厚的友誼。我原本以為這是因為賈伯斯欣賞他們的創造力和領導能力，他們也很感激賈伯斯的支持和深入的建議。但是進一步觀察之後，我發現他們有一個共通點。導演提出點子之後，他們會全心投入，儘管知道最後不一定成功。發表提案是一種透過觀察觀眾的反應，來測試、評估，以及更重要的強化素材的方法。如果點子行不通，他們也擅長捨棄、繼續前進。這種本事很難得，而賈伯斯也有這種能力。

賈伯斯在捨棄無效的事物上有驚人的本領。如果你和他爭論，說服了他，他會馬上改變心意，不會堅持自己的想法，只因為他一度覺得那個想法很棒。他不會把自我依附在他提出的建議上，即使他曾全力支持過。在這方面，賈伯斯和皮克斯的導演很像。

不過，這種方式的風險之一，就是如果一個人提案時非常熱切、充滿熱情，其他人可能就比較不願坦率地提供建議。面對個性強烈的人，我們比較容易屈服。防止這種情況的關鍵，是在開會時把重點放在想法本身，而非提出想法的人。我們往往過度重視點子的源頭，例如，若點子來自賈伯斯或是受人敬重的導演，我們很可能就會接受（或是不願批評）。但是賈伯斯對於那種肯定不感興趣，我好幾次看到他丟出奇奇怪怪的點子，只為了看看場內的反應。點子的反應不佳，他就馬上改變心意。這其實是說故事的一種形式——尋找建立、溝通想法的最佳途徑。不了解賈伯斯的人會以為他支持自己提出的所有點子，誤以為他的熱情與堅持代表不妥協或頑固。其實他是透過對方的反應，衡量該不該支持自己的點子。

很少人把賈伯斯形容為擅長說故事的人，他常說自己不懂怎麼製作電影。然而，他和導演建立出深厚的情誼，一部分是因為他知道打動人心的故事有多重要。他知道說故事是介紹新產品最好的方式，蘋果的產品發表會就是運用這個技巧，只要見過的人都可以看得出來，賈伯斯的表演非常精彩。

我相信賈伯斯在皮克斯參與他人精心打造故事的過程後，對人與人的互動也有了更多了解。把他的才智發揮在表達電影的情感上，某種程度讓他獲得釋放。他也發現皮克斯的成功，很大一部分是依賴電影與觀眾的深刻連結。看過前文對他的描述，你可能認為賈伯斯不擅長向原本就很脆弱的導演提供實質建議，但隨著時間過去，他其實變得愈來愈嫻熟。道格特記得賈伯斯有一次告訴他，他希望下輩子可以回來當皮克斯的導演。如果可以的話，我相信他會是最棒的導演。

最後的三個願望

二〇〇三年初秋，我們開始時常聯絡不到賈伯斯。以前他無論白天晚上，都會在幾分鐘內回覆電子郵件，但是現在打電話或寄電子郵件都得不到他的回音。十月，他來皮克斯找我們，這很不尋常，因為除非開董事會，我們通常以電話溝通。賈伯斯關上門，告訴拉薩特和我，他背痛了好一陣子，醫生要他做電腦斷層掃描，發現他得了胰腺癌。他告訴我們，患有這種癌症的人，九五%活不過五年。賈伯斯決心和癌症奮戰，但是他知道自己很可能贏不了。

接下來的八年內，賈伯斯嘗試各式各樣療法，包括傳統的和實驗性質的。他的體力愈來愈差，我們的互動愈來愈少，但是他仍然每星期打電話給我們提供建議、表達關心。有一次，拉薩特和我開車到蘋果與他共進午餐，吃完飯之後，賈伯斯帶我們到蘋果的機密室，向我們展示早期的iPhone原型。這台行動電話有觸控螢幕，不僅容易使用，也很有趣。我們當場就知道自己口袋裡的手機很可能成為過去式，他說他很興奮，因為他的目標不只是製造電話，而是設計無論功能或外觀，都讓人們的生活更加美好的手機，是人們**喜愛**的手機。他認為蘋果公司成功創造出他心目中的產品。

我們走出房間，賈伯斯停在走廊上，我記得很清楚，他說，在他「啟程之前」，希望能完成三件事。其中一個很重要的目標，就是推出他剛剛向我們展示的iPhone，他認為加上其他產品，可以確保蘋果的未來；第二個目標是保障皮克斯的持續成功；第三個，也是最重要的，是確定他最小的三個孩子走上正確的道路，我記得他說，他希望看到當時八年級的兒子里德（Reed）高中畢業。聽到這個曾經勢不可擋的人，把希望和抱負縮減成三個願望，實在令人心碎，但是我記得賈伯斯說這些話的表情很自然，感覺他已經接受自己即將離開的事實。

最後，他的三個目標都實現了。

賈伯斯的轉變

二〇〇七年二月的一個星期天下午，我和女兒珍妮走出林肯轎車，踏上紅地毯……卻猛然撞上賈伯斯。第七十九屆奧斯卡頒獎典禮還有幾小時就要開始，我們三人穿越好萊塢柯達劇院外擁擠的人群，準備走到場內。《汽車總動員》獲得最佳動畫長片提名，我們都有些緊張。我們在人群中推擠前進，賈伯斯看了看四周混亂的景象：穿著入時的男女、爭相採訪的電視記者與狗仔隊聚集、圍觀者尖叫，還有停在路邊的加長型禮車。他說：「這一幕還少了點火自焚的和尚。」

每個人看事情的角度都不一樣，我和賈伯斯共事長達超過四分之一個世紀（我相信比任何人都久），我看到的他並不符合我在雜誌、報紙，甚至他本人授權的傳記中的片面描述，他們筆下的賈伯斯就是追求完美、不講情面。也許我們一開始認識的賈伯斯的確粗魯莽撞、才華洋溢、不懂得表達情感，但是他在生命的最後二十年已經截然不同，只要認識賈伯斯的人都能發現他的轉變。他不僅對別人的感受更敏感，也珍惜他們對創作的貢獻。

我相信皮克斯的經驗是他改變的部分原因，賈伯斯希望創造除了帶來利潤、也能帶來歡樂的事物，這是他讓世界變得更美好的方法。所以他一直深以皮克斯為榮，因為他認為世界因為我們的電影而變得更美好。他常說，蘋果的產品雖然很棒，但是最後還是會被扔到垃圾掩埋場，皮克斯的電影卻可以永遠留存，因為我們的電影探討更深層的真理，他覺得這是很美好的概念。拉薩特形容我們的工作是「替世人帶來娛樂的崇高事業」，賈伯斯打從心底了解這種使命感，尤其在他生命的最後階段，他很高興能夠參與其中，因為他知道娛樂別人並非他的長處。

皮克斯在賈伯斯的世界中占有特別的位置，我們相處的期間，他的角色也一直在轉變。剛開始他是我們的金主，支付帳單，讓皮克斯能夠生存；後來，他開始保護我們，對內提供很有幫助的建議，對外則拚命捍衛我們。我們一起經歷許多波折，但是也因為如此，我們發展出難得的情誼。皮克斯就像賈伯斯的繼子，在他進入我們生命之前誕生，但在成長期間受到他悉心呵護。在賈伯斯去世前十年，我看著他改變皮克斯，他也因為皮克斯而轉變。當然，賈伯斯的家人和蘋果的同事也是他改變的動力，但是他和我們相處的時間很特別，因為皮克斯是他的副業，跟我們在一起讓他的生活出乎預料地充實。在賈伯斯的生命中，妻子和孩子當然最重要，蘋果是他第一個也最廣為人知的專業成就，皮克斯則是他可以稍微放鬆、玩樂的地方。雖然賈伯斯還是很強勢，但是他漸漸發展出傾聽的能力，愈來愈常展現同理心、關懷和耐心，成為真正的智者。那是相當真實深刻的變化。

我在第五章提及，在我的堅持下，賈伯斯不會參加智囊團會議，但是他經常在皮克斯董事試映會後給予建議。如果電影有問題，他會提出幫助我們改變想法、改善電影的意見，每一次，他的開頭都是：「我不是電影人，所以你們可以不用理我……」然後一針見血地直指問題核心。賈伯斯把重點放在問題本身，不是電影導演與製作人，這使他的批評更有力量。如果批評是針對個人，對方很可能置之不理。你不會對賈伯斯的建議置之不理，他的意見都很有幫助。

雖然剛開始他的建議可能有些極端、說話的方式有點唐突，不過他愈來愈擅長觀察別人的情緒，學會察言觀色。有人說，他隨著年齡增長變得比較圓融，但我覺得這種說法聽起來太被動，好像他只是不再那麼堅持；賈伯斯的轉變是主動的。他依舊認真，只是改變他的做法。

很多人說賈伯斯時常達成不可能的任務，說他身上散發「現實扭曲力場」（reality distortion field），撰寫賈伯斯傳記的華特．艾薩克森（Walter Isaacson）用了一整章描述這件事，書中引用蘋果最初的麥金塔團隊成員安迪．何茲菲德（Andy Hertzfeld）的說法：「賈伯斯的現實扭曲力場融合了領袖魅力的修辭風格、不屈不撓的意志，為了達成目的，急切地將現實扭曲成心中所想的樣子。」我在皮克斯也經常聽到有人提到這個說法。有些人在聽完賈伯斯說話之後，覺得自己對事情的見解達到另一層新境界，後來才發現他們無法重建賈伯斯推理的步驟，見解就此消失，他們根本摸不著頭緒，覺得自己被引入歧途。因此，現實扭曲了。

我不喜歡這個說法，因為這帶有負面意味，好像在暗示賈伯斯會一時興起、強迫別人接受他的奇幻世界，不考慮這麼做會害周圍所有人通宵工作、生活顛三倒四，只為了滿足他無法達成的期望。很多人提到賈伯斯拒絕遵守適用於其他人的規定，例如他的車不掛車牌，但卻沒有探討這是因為他覺得很多規則並不合理。他的確常挑戰極限，有時超越界線，做出被別人視為反社會的行為，但世界若因此改變，別人反而會讚譽你「有遠見」。我們在理論上經常支持挑戰極限的概念，卻忽略實際去做可能導致的問題。

從一開始，皮克斯還不叫皮克斯的時候，我們就努力想做到從來沒有人做到的事，那是我畢生追求的目標。我在皮克斯的同事，包括賈伯斯，也願意在電腦還沒有足夠速度或記憶體的情況下承擔這種風險。創意人的特質是把不可能的事變得可能，他們做夢、思考、拒絕接受現狀，這是發現新事物的方法。賈伯斯了解科學和法律的價值，但是也明白複雜的系統會以非線性、無法預測的方式回應。而那樣的創造力能為我們帶來驚喜。

我心目中的「現實扭曲」有不同含意，因為我相信我們所有的決定和行動都會引發後果，這些後果會形塑我們的未來。我們的行動會改變現實，我們的初衷很重要。大多數人相信行動會帶來後果，卻沒有進一步思考這個信念的含意。但是賈伯斯會。他和我都相信，堅守初衷與忠於我們的價值觀，正是我們改變世界的方式。

送別賈伯斯

由於體力愈來愈差，賈伯斯在二〇一一年八月二十四日，辭去蘋果執行長的職務。不久後，有一天清晨，我在家裡運動，賈伯斯打電話給我。說實話，我不記得確切的談話內容，因為知道他的生命即將結束，我實在很難接受。不過，我記得他的聲音比想像中有力，他談到我們共事這麼多年，說他很感激有這個經驗。我記得他說，他很榮幸能夠參與皮克斯的成功。我告訴他我也是，我很感謝他的友誼、榜樣和忠誠。掛電話後，我告訴自己：「這是告別電話。」果然，他六個星期後就撒手人寰，那是我最後一次聽到他的聲音。

他去世後五天的星期一早上，皮克斯所有員工聚集在賈伯斯打造的大樓中庭，準備參加追悼會。早上十一點，中庭擠滿了人，追悼會開始。我站在一邊，想著這個最支持皮克斯的好朋友，突然想第一個上台發言。

關於賈伯斯我有好多事可以說，像是他如何在一九八六年向盧卡斯買下我們的部門，拯救了我們；三年後，電腦動畫電影似乎仍是遙不可及的夢想，他卻鼓勵我們製作《玩具總動員》；為了鞏固皮克斯的未來，他把我們賣給迪士尼，然後主導合併，確保皮克斯的自主權；他如何拉拔皮克斯，讓我們從四十三名員工的公司，到今天有一千一百名同事站在我面前。回想起來，我還記得一開始，他如何刺探、刺激我，幫助我鍛鍊、強化自己的想法。讓我變得更專注、強韌、變得更好。

我愈來愈依賴他對我的要求，每一次都能幫助我釐清自己的想法。我已經感受到他的缺席帶來的影響。

「二十五年前的二月，皮克斯成立那一天。」我開始說道，回想我們聚集在盧卡斯影業會議室簽約的景況。我們筋疲力盡，花了好幾個月尋找收購對象，賈伯斯終於出現。我告訴當時不在皮克斯的員工，賈伯斯如何把史密斯和我拉到一邊，用手臂環繞我們，說：「無論發生什麼事，我們都要忠於對方。」我告訴我的同事，賈伯斯一直遵守承諾。「這些年來，皮克斯和賈伯斯經歷了許多波折和變化。」我說。「那是非常艱難的時刻，皮克斯瀕臨潰散，任何投資人或風險資本家都會放棄。」但是賈伯斯沒有放棄，他要求自己做到他要我們做到的：忠於對方。

陽光從天窗灑入，我說出總結：「我不知道未來會發生什麼事，但是我相信賈伯斯重視熱情和品質，會把我們帶到我們無法想像的地方。為此，我非常感激。」那一刻，我知道我一定要了解和保護讓賈伯斯引以為榮的皮克斯。我們的目標一直是在皮克斯創造一種能夠延續的文化——在賈伯斯、拉薩特和我之後都能持續很久。現在，我們其中一個人太早離開，拉薩特和我必須完成這個任務。

講完後，我把麥克風交給其他與賈伯斯有密切關係的人。史坦頓描述賈伯斯是「創意防火牆」，他說，賈伯斯在的時候，皮克斯的人「就像自由放養的雞」，大家都笑了起來，「賈伯斯會盡其所能，確保我們安心創作。」

接著是觀察力很強的道格特，他聊起對賈伯斯最有趣的回憶。幾年前有一次開會，道格特發現賈伯斯的李維牛仔褲褲管上有兩個小洞，賈伯斯移動身體時，他發現他另一條褲管也有兩個同樣的洞，都在腳踝上方。道格特百思不解，想不透為何會出現這種對稱的小洞，此時，賈伯斯竟然把手指伸進洞裡拉起襪子！道格特說：「賈伯斯那麼有錢，但是顯然買新褲子或是彈性更好的襪子對他來說一點也不重要。無論如何，那是他人性化的一面。」

柏德則回憶，他一開始和皮克斯討論製作《超人特攻隊》時，還不確定要不要接受我們的邀約，當時他考慮留在發行他製作的《鐵巨人》（*The Iron Giant*）的華納兄弟。「但是我花了一個月，才和他們的管理階層開到會。」柏德說。「在此同時，賈伯斯已經知道我的妻子和小孩的名字，還來問候他們好不好。我心想：『我幹嘛和華納兄弟談？』所以我決定加入皮克斯。」

「賈伯斯重視品質，總是看得很遠。」柏德繼續說道。「他篤信佛教，但是我認為他追求的不只是宗教信仰，而是更高層的事物，」他停頓一下，忍住情緒，「我們會在最優秀的人聚集的地方再次見到他。賈伯斯，我要向你致敬。」

輪到拉薩特了。全場陷入沉默，但是情緒如潮水般湧來。拉薩特走上台，說他很榮幸在賈伯斯身邊，看著他變得愈來愈好。

「賈伯斯剛買下皮克斯的時候，」拉薩特說道。「他很有自信。有人說那是傲慢，我覺得是自信。他相信自己可以做得比任何人都好。所以蘋果的人很討厭和賈伯斯一起進電梯，他們覺得等電梯到達頂樓時，自己可能就被解雇了。」全場再次爆出笑聲，他繼續說。「但是當皮克斯轉變為動畫工作室，他看到我們的作品後覺得很驚奇，發現自己根本不可能做到。我常常想，他建立皮克斯、和蘿琳結婚生子，以及發現皮克斯的員工這麼優秀，都幫助他成為更傑出的領導人。」

三個星期前，拉薩特最後一次拜訪賈伯斯。「我們聊了大約一小時，討論他接下來有興趣的計畫，」拉薩特有些哽咽，「我看著他，意識到這個人給了我、給了我們一切。我給他一個大大的擁抱，也替你們所有人親了他的臉頰。」拉薩特哭了起來，「我說，謝謝你。賈伯斯，我愛你。」

場內響起掌聲，一直到皮克斯的一名歌手走上舞台後才停下。他輕聲宣布，在皮克斯每一部電影的殺青派對都會獻唱的無伴奏合唱團，現在要向賈伯斯獻唱。站在我們稱為「賈伯斯的電影」的大樓裡，我不禁想，他一定很喜歡這場獻給史帝夫．賈伯斯的殺青派對。

雲霄飛車停下，我們的好朋友下車，但這趟我們共乘的旅程，真是精彩萬分。

| 起點 |

創意文化的管理原則

以下是我們這些年用來推動、保護健全的創意文化的原則。我知道把複雜的想法簡化成容易理解的口號，可能讓人誤以為理解，因而削弱它的力量，變成知易行難的格言。雖然我一直不願這麼做，但是我確實也有我的觀點，覺得分享一些我所珍視的重要原則或許對你有幫助。重點是要把每一個原則看成起點，當成一股更深入探索的動力，而非結論。

・把好點子交給平庸的團隊，他們很可能搞砸；把平庸的點子交給優秀的團隊，他們會加以修改或將之拋棄，另外想出更好的點子。只要找到對的團隊，就會想出對的點子。

・招募員工時，要重視對方的潛能，而非目前的技能。他們明天可能做到的，比今天會做的重要。

・永遠要雇用比你聰明的人，即使可能對你造成威脅。

- 要讓員工能夠隨心所欲地提供建議，別忽略任何人的點子。靈感可能、也確實來自任何地方。
- 接納他人的點子還不夠，運用同事的集體力量是主動、持續的過程。主管要勸誘員工提供點子，時時督促他們做出貢獻。
- 同事之間不願坦誠相待有很多可能的原因，你的任務是找出原因，解決問題。
- 同樣地，如果有人和你意見相左，也一定事出有因。我們要了解他們的結論背後的原因。
- 公司內部出現恐懼的心態，一樣有其原因。我們的任務是：一、找出原因；二、了解原因；三、想辦法根除。
- 如果執意相信自己是對的，就無法接納不同觀點。
- 很多人不願說出可能破壞現狀的意見。智囊團、每日進度檢視會議、事後剖析以及便條日，都能鼓勵同事表達想法，也是設法了解實際狀況的自我評估機制。
- 如果同事寧願在走廊說真話，而非在會議室，你就有麻煩了。
- 很多主管認為，如果沒有比別人早一步知道問題、或者員工在開會時讓他們感到意外，就代表對他們不尊重。請改變這個想法。
- 遇到問題刻意輕描淡寫，會讓員工感覺你在撒謊，或是無知、漠不關心。分享問題可以讓員工更有參與感。
- 我們從成功和失敗中得到的第一個結論通常是錯誤的，衡量結果必須評估過程。

- 不要以為只要避免犯錯，就不會出錯。避免犯錯的成本往往遠高於解決問題的成本。
- 變化和不確定是生活的一部分。我們的任務不是抗拒，而是培養從挫折中恢復的能力。如果不努力發掘看不見的問題、了解其本質，你就會準備不足，無法有效領導。
- 同樣地，領導人的任務不是防範風險，而是讓員工安心承擔風險。
- 失敗不是必要之惡。事實上，失敗一點也不邪惡，是嘗試新事物必要的結果。
- 信任不代表相信對方不會搞砸，而是在事情搞砸時，相信他們有辦法解決。
- 職務負責人必須能夠在出問題時做決定，不需要獲得批准。尋找、解決問題是每個人的任務，任何人都應該能停下生產線。
- 希望一切運作順暢是錯誤的目標，會導致主管以員工犯的錯、而非解決問題的能力來衡量他們的價值。
- 不要等到一切完美後才和別人分享你的計畫，要早一點並經常讓別人看到。作品完成之後可能很漂亮，但是過程中必然不是。
- 公司的溝通架構不應該跟組織結構相同，每個人應該都要可以和任何人談事情。
- 不要制定太多規則，規則可以簡化管理，卻可能貶抑九五％表現良好的人。不要為了五％的人訂立規則——逐一解決問題可能得花更多時間，卻是比較健全的做法。
- 設下限制可以鼓勵創意的反應，卓越的成果可能來自令人不適或看似難以繼續的狀況。

- 特別困難的問題能強迫我們從不同的角度思考。
- 組織往往比個人保守、抗拒改變，光是大多數人同意不一定能夠引發改變。即使所有人都支持，也要很大的能量才能讓團隊前進。
- 健全的組織是由任務不同、但目標相同的部門組成。如果只有一個部門獲勝，大家就都輸了。
- 創意環境的主管要保護新點子，優秀的作品必然歷經不優秀的階段。我們要保護未來，而非過去。
- 危機可以測試、證明公司的價值。解決問題的過程可以讓大家更團結並保有文化。
- 卓越、品質、優秀必須靠努力去贏得，是別人給我們的讚譽，不是由我們自己宣稱的。
- 不要在不經意間把穩定當成目標，平衡比穩定重要。
- 不要把過程和目標混為一談。改善流程雖然重要、也應該持續努力去做，但是製作優異的產品才是目標。

致謝

我以多年的學習與經驗來撰寫本書，必然需要數不清的協助，在此特別列出一些人。當然，皮克斯和迪士尼所有同事和朋友都幫了我很大的忙，我非常感激。

首先要感謝皮克斯和迪士尼動畫的首席創意總監、我的老朋友拉薩特，他慷慨貢獻許多回憶和精闢的見解。華特・迪士尼公司的董事長兼執行長艾格從一開始就支持我的寫作計畫，他鼎力相助，提供我許多實質建議。迪士尼工作室的董事長艾倫・霍恩（Alan Horn）和總經理艾倫・伯格曼（Alan Bergman）都是極具智慧的領導人，我們一起經歷過許多改變。

我很幸運，能夠和極為傑出的管理團隊共事：皮克斯的總經理莫里斯和人力資源副理羅莉・麥克亞當斯（Lori McAdams）、迪士尼動畫的總經理米爾斯坦與製作部兼人力資源部副理肯姆，都是幫助我成長的優秀合作夥伴。

如果沒有我的經紀人克里斯蒂・弗萊徹（Christy

Fletcher）以及蘭登書屋的編輯安迪・沃德（Andy Ward），就不會有這本書。沃德從頭到尾協助、引導這項寫作計畫，他是很棒的編輯，把內容變得更容易消化、更吸引人。感謝我十三年來的助理溫蒂・坦茲洛（Wendy Tanzillo），沒有她的關心和照顧，我的生活會一團混亂。

這幾年我和很多人討論，藉以釐清書中一些較困難的概念，在這方面對我有很大幫助的人包括艾恩特、柏德和彼得森。與生活平衡學會（Life Balance Institute）會長菲利普・莫菲特（Phillip Moffitt）的深刻談話，對我也有莫大幫助。

撰寫過程中，我請很多人讀這本書，就像我們的電影試映會，我希望得到各式各樣的建議，讓書變得更好、更明確。這本書字數很多，我知道他們得花不少時間，但是每個人都毫不猶豫地幫我，為此，我要感謝珍妮佛・艾克（Jennifer Aaker）、達拉・安德森（Darla Anderson）、柏德、我女兒珍妮、柯林斯、道格特、巴伯・弗里斯（Bob Friese）、馬克・格林伯格（Marc Greenberg）、凱西・霍金斯（Casey Hawkins）、霍華德、麥可・詹寧斯（Michael Jennings）、強森、吉姆・甘乃迪（Jim Kennedy）、拉薩特、肯姆、傑森・萊維（Jason Levy）、勞倫斯・萊維（Lawrence Levy）、艾蜜莉・洛斯（Emily Loose）、藍尼・門東薩（Lenny Mendonca）、米爾斯坦、莫里斯、唐納・紐伯德（Donna Newbold）、凱倫・白、波特、柯里・雷伊（Kori Rae）、里維拉、阿里・洛加尼（Ali Rowghani）、彼得・西姆斯（Peter Sims）、安迪・史密斯（Andy Smith）、史坦頓、蘇斯曼、鮑伯・薩頓（Bob Sutton）、凱倫・坦考夫（Karen Tenkoff）、安克里奇以及沃爾夫。羅伯特．貝爾德（Robert Baird）、丹．格森（Dan Gerson）和格雷諾有一天帶著一塊大白板到我的辦公室，幫我建立這本書的架構。皮克斯的檔案管理員克里斯汀．弗里曼（Christine Freeman）在研究時提供諸多協助，克蕾曼和柯瑞．納克斯（Cory Knox）也替我加入許多資料，傑卡布則幫我填補許多遺漏的部分。

我要特別指出，這本書的概念是經過四十五年的發展，還有無數人參與這趟旅程。這不是一本歷史書。我雖然有提供一些依年代順序而寫的故事，來解釋書中的概念，不過較少提及和技術有關的人，主要是因為技術方面的工作比較複雜難懂。但我要鄭重聲明，比爾．里維斯（Bill Reeves）、艾本．奧茲比（Eben Ostby）和拉維．雷．史密斯都對皮克斯功不可沒，他們成功結合藝術和科技，在此要特別感謝他們。

最後，感謝我的妻子蘇珊以及七個孩子：班、大衛、珍妮、邁特、麥克、邁爾斯和尚恩，謝謝你們的耐心、支持和愛；感謝我九十二歲的父親厄爾．卡特莫爾，我童年的故事他記得比我還清楚，提供了許多寶貴的資訊。

艾德．卡特莫爾

感謝我的經紀人伊莉斯・錢尼（Elyse Cheney）幫我接下這份工作；謝謝蘭登書屋的沃德，他真的很棒；謝謝我的兒子傑克・紐頓（Jack Newton），他幽默、啟發人心，時常提供獨到的見解；感謝《洛杉磯雜誌》的編輯瑪麗・梅爾頓（Mary Melton）和《GQ》的編輯吉姆・尼爾森（Jim Nelson），有他們的支持，我才能撰寫這本書；感謝所有協助我確認重要資訊的皮克斯和迪士尼動畫員工，尤其是柏德、道格特、弗里曼、克蕾曼、拉薩特、莫里斯、波特、史坦頓和坦茲洛；感謝我的父母，他們教導我：「如果想寫書，就要閱讀。」感謝一直提供我建議的好朋友：巴克納（Julie Buckner）、克萊門特（Karla Clement）、費恩曼（Sacha Feinman）、哥德赫許（Ben Goldhirsh）、霍爾（Carla Hall）、哈里斯（Gary Harris）、海思（Nancy Hass）、赫布斯特（Jon Herbst）、霍夫曼（Claire Hoffman）、哈伯德（Beth Hubbard）、麥克里德（Justin McLeod）、莫林格（JR Moehringer）、羅伊（Bob Roe）、聖皮耶爾（Julia St. Pierre）、平格（Minna Towbin Pinger）、范格德（Valerie Van Galder）、范恩（Brendan Vaughan）和沃爾夫（Sherri Wolf）；最後要感謝卡特莫爾給我這個機會，邀請我進入他的世界。

艾美・華萊士

創意電力公司
讓創意與商業完美結合、企業永續成功的祕密

作　　者：艾德・卡特莫爾（Ed Catmull）、艾美・華萊士（Amy Wallace）
譯　　者：方祖芳
總監暨總編輯：林馨琴
資深主編：林慈敏
封面設計：陳文德
內頁排版：王信中
發行人：王榮文
出版發行：遠流出版事業股份有限公司
地址：100 台北市南昌路二段 81 號 6 樓
郵撥：0189456-1
電話：2392-6899　傳真：2392-6658
著作權顧問：蕭雄淋律師

2020 年 10 月 1 日　二版一刷
新台幣定價 420 元　（缺頁或破損的書，請寄回更換）
ISBN　978-957-32-8877-0

YLib.com 遠流博識網
http://www.ylib.com　E-mail:ylib@ylib.com

國家圖書館出版品預行編目（CIP）資料

創意電力公司：讓創意與商業完美結合、企業永續成功的祕密／艾德・卡特莫爾（Ed Catmull），艾美・華萊士（Amy Wallace）著；方祖芳譯. -- 二版. -- 臺北市：遠流，2020.10
344 面；15 × 21 公分. --（實戰智慧館；1488）
譯自：Creativity, Inc. : overcoming the unseen forces that stand in the way of true inspiration

ISBN 978-957-32-8877-0（平裝）

1. 企業管理　2. 創造性思考

494.1　　109013702